Curso de
MOTORES ELÉCTRICOS

Conceptos, CC, motores, tipos, CA, paso a paso, evaluación, glosario

ISBN: 9798863127651

Edición EMD

Indice

11 MAQUINAS ELECTRICAS

11.1 Introducción

- **Definición de máquina.**

> Dispositivo o conjunto de aparatos combinados, que recibe cierto tipo de energía y la transforma en otra más adecuada para producir un efecto buscado.

11.1.1 Conceptos generales de las máquinas eléctricas.

Las máquinas eléctricas son el resultado de una aplicación inteligente de los principios del electromagnetismo y en particular de la ley de inducción de Faraday. Las máquinas eléctricas se caracterizan por tener circuitos eléctricos y magnéticos entrelazados. Durante todo el proceso histórico de su desarrollo desempeñaron un papel rector, que determinaba el movimiento de toda la ingeniería eléctrica, merced a su aplicación en los campos de la generación, transporte, distribución y uso de la energía eléctrica. Las máquinas eléctricas realizan una conversión de energía de una forma a otra, una de las cuales, al menos, es eléctrica. En base a este punto de vista, estrictamente energético, es posible clasificarlas en tres tipos fundamentales:

1. **Generador**: transforma la energía mecánica en eléctrica. La acción se desarrolla por el movimiento de una bobina en un campo magnético, resultando una f.e.m. inducida que al aplicarla a un circuito externo produce una corriente que interacciona con el campo y desarrolla una fuerza mecánica que se opone al movimiento. En consecuencia, el generador necesita una energía mecánica de entrada para producir la energía eléctrica correspondiente.

2. **Motor**: transforma la energía eléctrica en mecánica. La acción se desarrolla introduciendo una corriente en la máquina por medio de una fuente externa, que interacciona con el campo produciendo un movimiento de la máquina; aparece entonces una f.e.m. inducida que se opone a la corriente y que por ello se denomina fuerza contra electromotriz. En consecuencia, el motor necesita una energía eléctrica de entrada para producir la energía mecánica correspondiente.

3. **Transformador**: transforma una energía eléctrica de entrada (de CA) con determinadas magnitudes de tensión y corriente en otra energía eléctrica de salida (de CA) con magnitudes diferentes.
   Los generadores y motores tienen un acceso mecánico y por ello son máquinas dotadas de movimiento, que normalmente es de rotación; por el contrario, los transformadores son máquinas eléctricas que tienen únicamente accesos eléctricos y son máquinas estáticas.

Cada máquina en particular cumple el principio de reciprocidad electromagnética, lo cual quiere decir que son reversibles, pudiendo funcionar como generador o como motor (en la práctica, existe en realidad alguna diferencia en su construcción, que caracteriza uno u otro modo de funcionamiento).

- **Fundamentos de Magnetismo**: Un imán puede ser permanente o temporal. Si una pieza de hierro o de metal se magnetiza y retiene el magnetismo se le conoce como imán permanente, este se usa en motores de pequeño tamaño. Cuando una corriente circula a través de una bobina, se crea un campo magnético con un polo norte y sur, como si se tratara de un imán permanente. Sin embargo cuando la corriente se interrumpe, desaparece el campo magnético. A este tipo de magnetismo temporal se le conoce como electromagnetismo. Cuando una corriente eléctrica circula a través de un conductor, las líneas de fuerza magnética (flujo magnético) se crean alrededor del mismo.

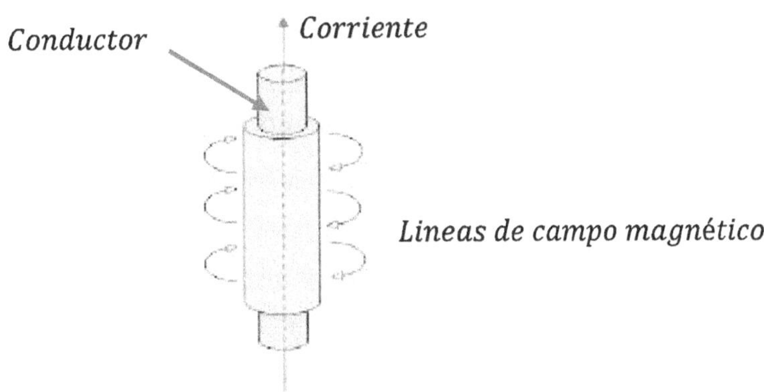

Cuando la sección de un conductor se hace pasar a través de un campo magnético, se dice que se induce un voltaje y se crea la electricidad en el conductor o alambre si el circuito está cerrado. De esta manera puede comprobarse la relación entre el magnetismo y la electricidad.

- **La inducción electromagnética**: Si el alambre conductor se mueve dentro de un campo magnético, de manera que el conductor corte las líneas de dicho campo, se origina una fuerza electromotriz producida en dicho conductor. Induciendo la fuerza electromotriz, mediante el movimiento relativo entre el conductor y el campo magnético, se presenta lo que se conoce como la inducción electromagnética, se inducirá un voltaje en este conductor.

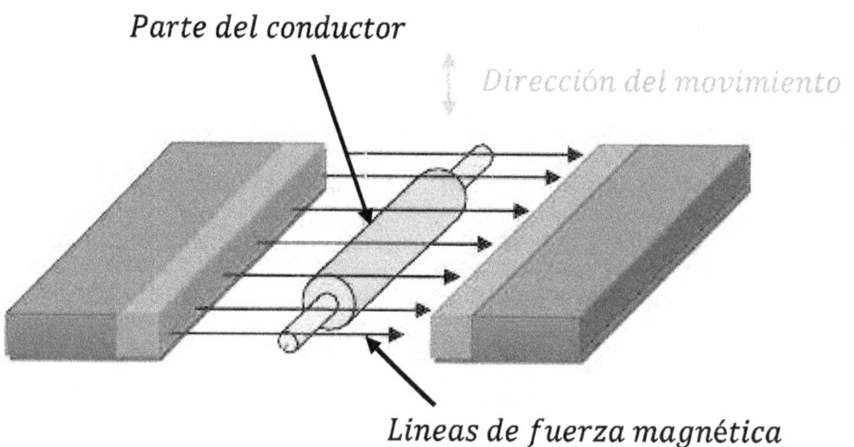

Cerrando el circuito, mediante el uso de un medidor puede comprobarse que circula corriente por el conductor, como se muestra en la figura.

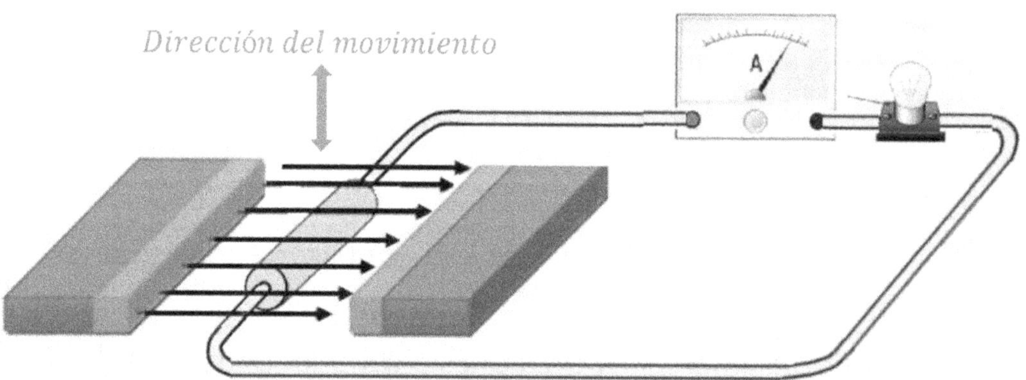

En 1831 Joseph Faraday hizo uno de los descubrimientos más importantes del electromagnetismo que actualmente se conoce como: La ley inducción electromagnética de Faraday, que relaciona fundamentalmente el voltaje y el flujo magnético en el circuito. El enunciado de la ley es:

Si se tiene un flujo magnético que rodea a una espira y, además, varía con el tiempo, se induce un voltaje entre los terminales. El valor del voltaje inducido es proporcional al índice de cambio del flujo.

Por definición y de acuerdo al Sistema Internacional de Unidades, cuando el flujo varía en 1 weber por segundo, se induce un voltaje de 1 volt entre sus terminales; en consecuencia si el flujo varía entre una bobina de N espiras, el voltaje inducido se da por la expresión:

$$E = N \frac{d\emptyset}{dt}$$

Dónde:

E = voltaje inducido en volts

N = número de espiras

$d\emptyset$ = cambio de flujo de la espira

dt = intervalo de tiempo en que el flujo cambia

La ley de Faraday, establece las bases para las aplicaciones prácticas en el estudio de transformadores, generadores y motores de corriente alterna.

11.1.3 Dirección de la f.e.m. regla de Fleming

- La relación entre las direcciones de la f.e.m. inducida, campo magnético y movimiento del conductor se puede representar mediante la regla de Fleming en esta se emplea una corriente convencional para determinar la dirección de la f.e.m., esta regla también es conocida como la regla de la mano derecha.

Esta regla señala que se usa el pulgar para representar el movimiento del conductor sobre el campo, el cual es un movimiento perpendicular hacia arriba, el índice representa la dirección del campo magnético y el dedo representa la dirección de la f.e.m.

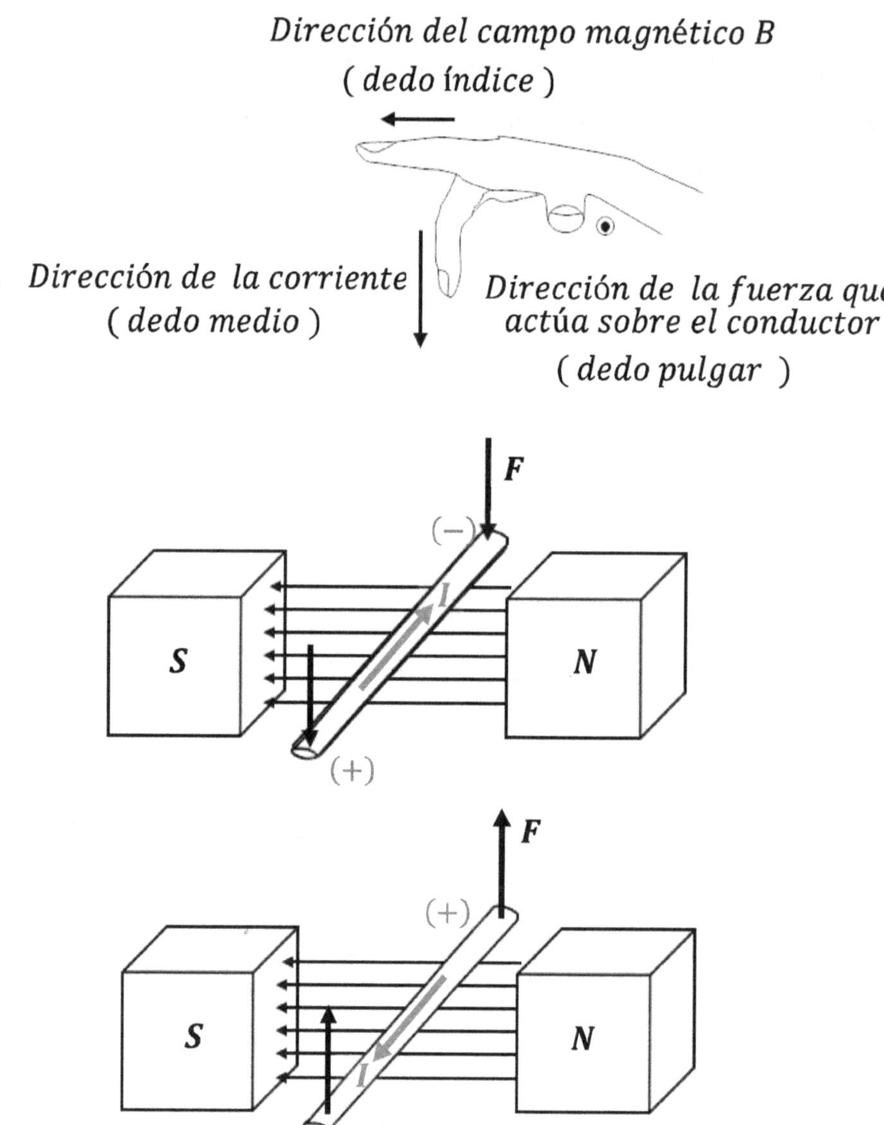

Mientras se mantenga el movimiento del conductor habrá, por consiguiente, una corriente. Por ello el conductor móvil se comporta como un generador de fuerza electromotriz.

En consecuencia será necesaria una fuerza exterior suministrada por algún dispositivo que produzca trabajo para mantener el movimiento del conductor.

Tal trabajo generalmente se hace de distintas maneras como ser con un motor acoplado al eje del generador o en forma hidráulica en donde los alabes de la turbina son movidas por la fuerza del agua.

Aplicando la ley de Faraday Lentz en la siguiente figura. Se observa un cuadro rectangular abcd compuesto por un arrollamiento de N espiras que gira alrededor de un eje OO. Cada extremo del cuadro está conectado a sendos anillos rozantes R concéntricos con el eje del cuadro y que pueden girar con él, pero aislados entre sí. Mediante dos escobillas apoyadas a los anillos se conecta, a por ejemplo una resistencia.

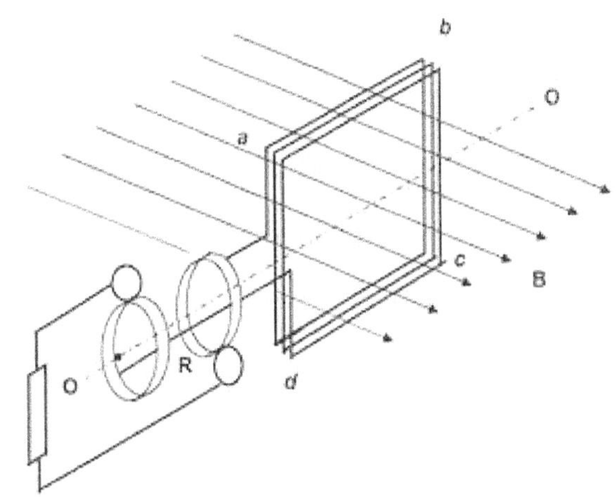

El cuadro gira en el sentido de las agujas del reloj y en la figura se analiza el instante en que el cuadro forma un ángulo α con la normal al campo. El flujo que atraviesa la bobina estará dado por:

$$\emptyset = A \, . \, B \, . \, \cos\alpha$$

Dónde: $A = área\ abarcada\ por\ la\ bobina$

$B = campo\ magnético$

Reemplazando en la expresión de Faraday Lentz queda:

$$E = -N \, \frac{d\emptyset}{dt} = -N \, \frac{d\,(\,A\,.\,B\,.\,\cos\alpha\,)}{dt} = -N\,.A\,.B\,(-sen\,\alpha)\,.\,\frac{d\alpha}{dt}$$

Como $\alpha = w \, . \, t$ se llega a:

$$E \;=\; N.A.B\,sen\,wt \;.\; \frac{d\,(wt)}{dt} \;=\; N.A.B\,sen\,wt \;.w$$

Siendo $E_{max} \;=\; N.A.B.w$, con lo cual queda:
$$\boxed{E \;=\; E_{max}.\,sen\,wt}$$

La fem generada tiene la forma:

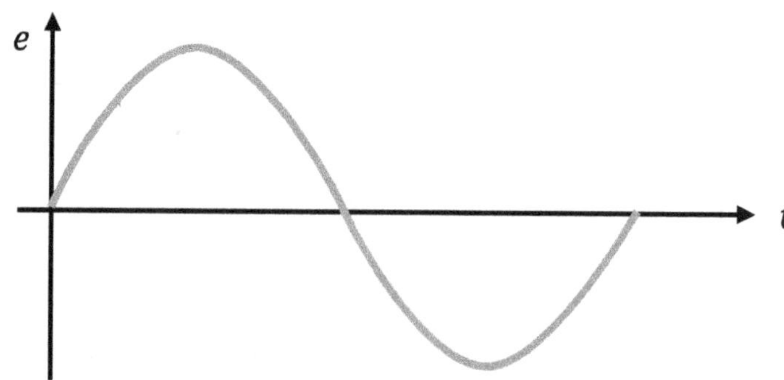

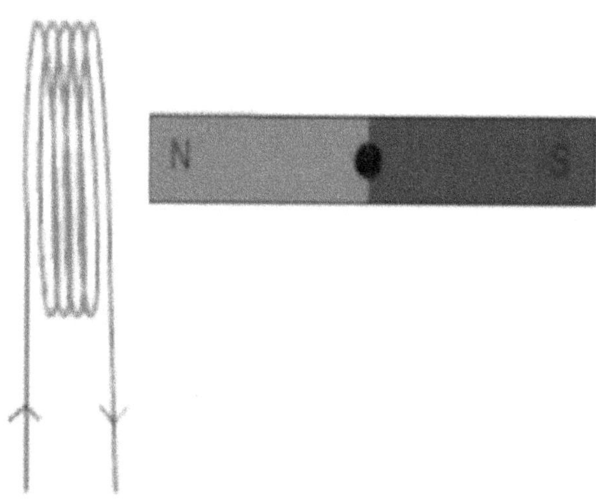

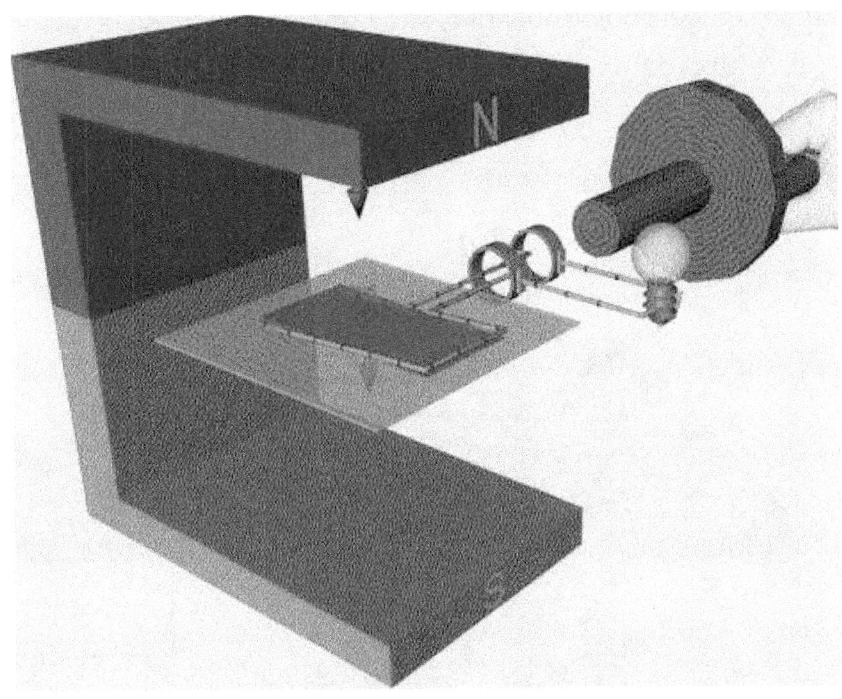

Se pueden identificar en ella los siguientes parámetros: la tensión máxima, tanto para el semiciclo positivo como para el negativo y el período T. Por otro lado, la inversa del período permite obtener la frecuencia de la corriente alterna cuya unidad es el Hz.

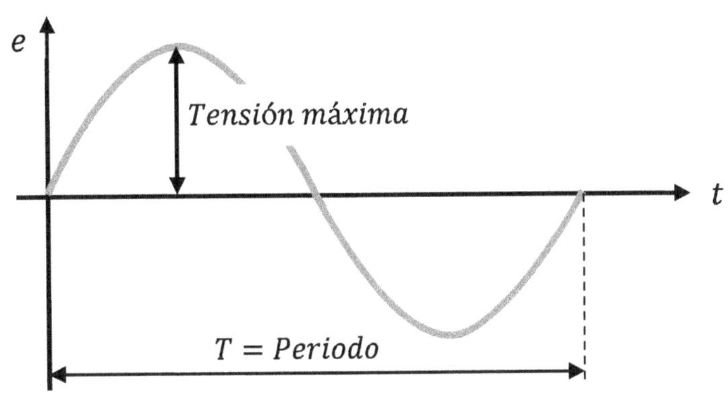

La forma de funcionamiento básica de un generador monofásico se muestra en la siguiente figura, la forma de la onda de voltaje o corriente que se obtiene es de tipo senoidal, con la mitad de la onda positiva y la mitad negativa, debido a la inversión de la corriente durante la mitad del giro de la espira dentro del generador, este tipo de onda se muestra en la figura anterior.

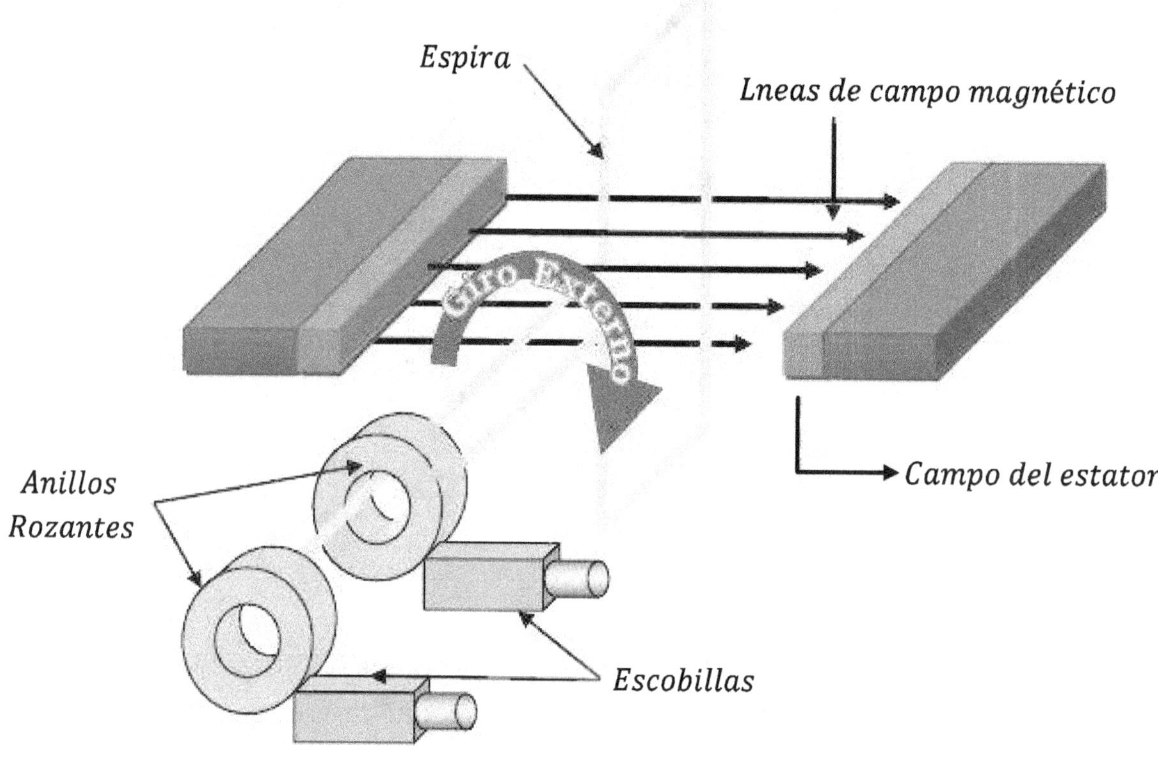

11.1.4 Corriente Continua

La generación de corriente se hace de manera que se obtiene una onda senoidal, lo que no es conveniente para máquinas eléctricas que trabajen con CC.

Si una bobina gira entre dos polos magnéticos fijos, la corriente en la bobina circula en un sentido durante la mitad de cada revolución, y en el otro sentido durante la otra mitad.

Para producir un flujo constante de corriente en un sentido, o corriente continua, en un aparato determinado, es necesario disponer de un medio para invertir el flujo de corriente fuera del generador una vez durante cada revolución. En los generadores antiguos esta inversión se llevaba a cabo mediante un conmutador, un anillo de metal partido montado sobre el eje de una bobina. Las dos mitades del anillo se aislaban entre sí y servían como bornes de la bobina. Las escobillas fijas de metal o de carbón se mantenían en contacto con el conmutador, que al girar conectaba eléctricamente la bobina a los cables externos. Cuando la armadura giraba, cada escobilla estaba en contacto de forma alternativa con las mitades del conmutador, cambiando la posición en el momento en el que la corriente invertía su sentido dentro de la bobina. Así se producía un flujo de corriente de un sentido en el circuito exterior al que el generador estaba conectado. En algunas máquinas más modernas esta inversión se realiza usando rectificadores de diodos semiconductores o tiristores. En la figura se muestra un generador de corriente directa.

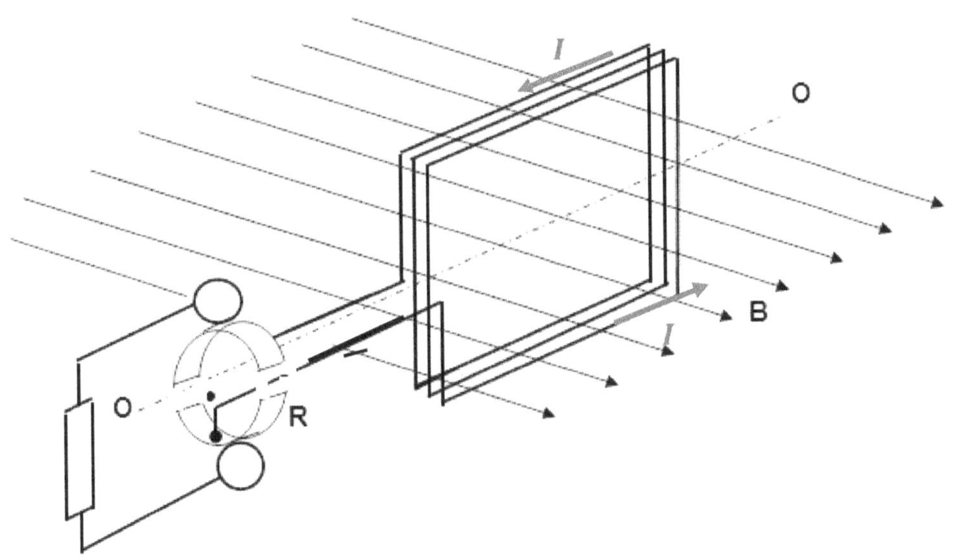

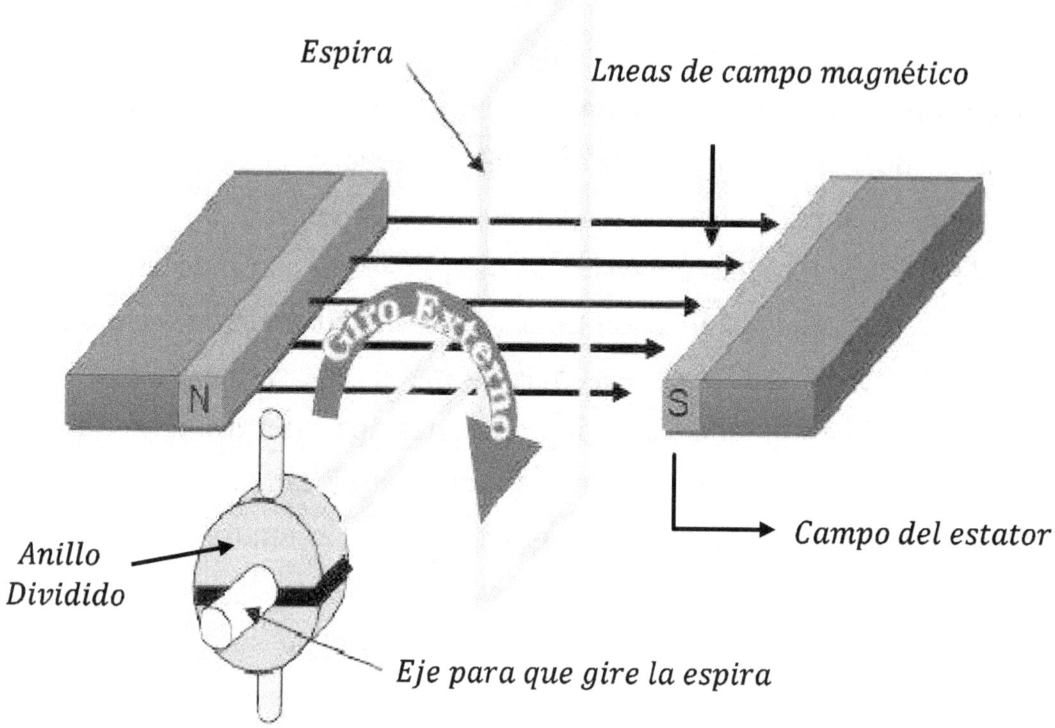

La fem que se obtiene es de un solo sentido pero pulsante:

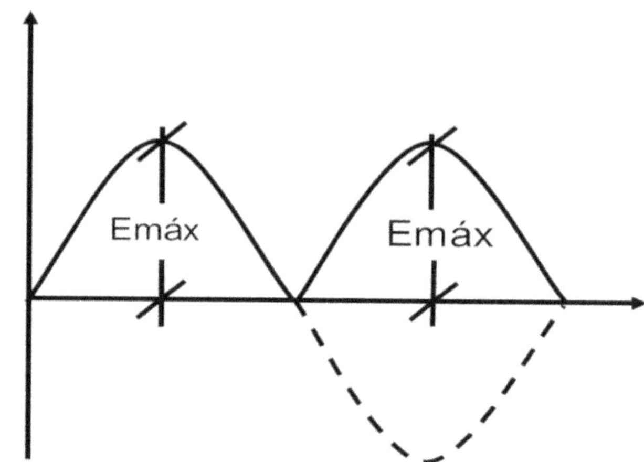

La conmutación para que los semiciclos tengan siempre el mismo sentido, se produce cuando la fem inducida se invierte. Para demostrarlo, recuérdese la expresión obtenida de la fem inducida: $e = E_{máx}\ sen\ wt$

En ella, cuando el ángulo que forman la fuerza y el campo magnético es nulo, es decir wt = 0º, la tensión es nula.

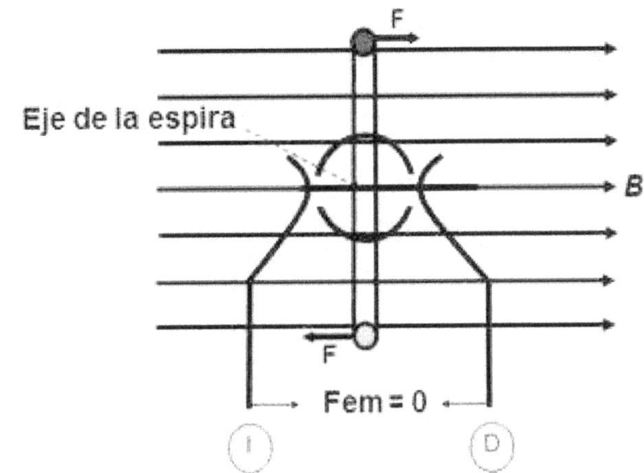

Cuando el ángulo que forman la fuerza y el campo magnético es de 90º, es decir wt = 90º, la tensión es máxima

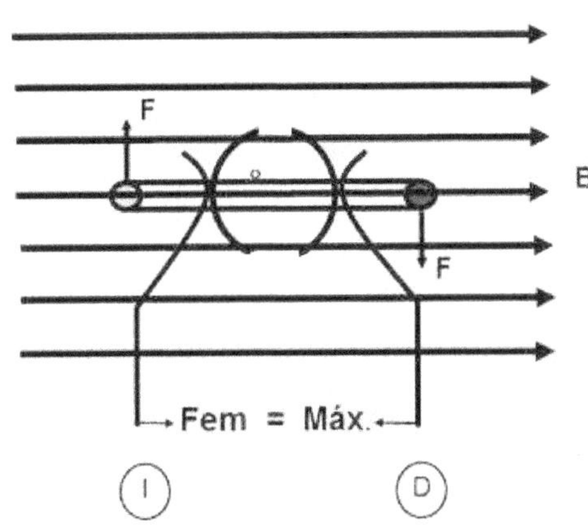

Del análisis de las figuras precedentes, se observa que cuando la espira es perpendicular al campo B, las escobillas reciben 0 Volt, denominando a esta operación conmutación porque se produce la inversión de la función en el instante en que la tensión es nula, y un pequeño ángulo después la escobilla (I) (izquierda), queda conectada a la mitad superior y la (D) (derecha) a la mitad

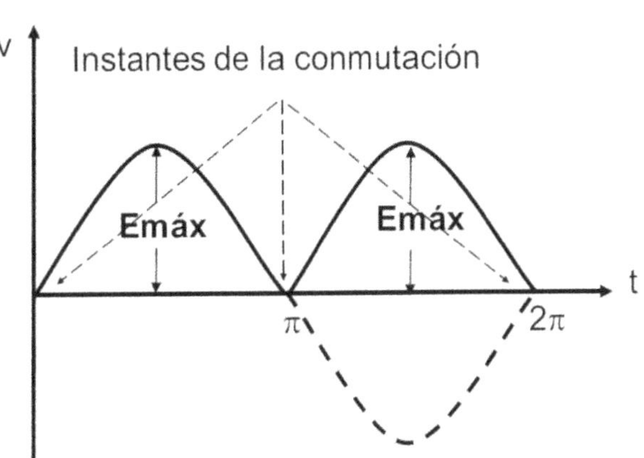

inferior y esto hace que la tensión senoidal salga en el mismo sentido que la anterior, entregando una corriente continua y pulsante

En los generadores reales, se colocan varias bobinas decaladas algunos grados entre ellas, y cada extremo de cada una va conectada a dos porciones de anillo colocados a 180° entre sí :

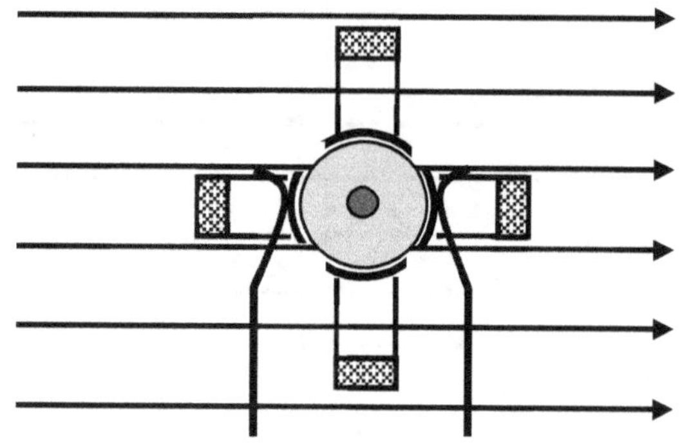

En esta figura se han colocado solamente dos bobinas a 90º. Al dispositivo que soporta a los semianillos, se lo denomina colector y a los semianillos delgas.

En la siguiente figura se expone la salida del generador elemental con dos cuadros o bobinas decaladas 90º, la envolvente es la CC. Nótese que por cada vuelta del conjunto de bobinas se generan dos senoides decaladas a 90º cada una, o sea que en los 360º mecánicos se generan dos ciclos completos, observando que por la disposición del colector la salida es la corriente continua pulsante

Si se colocaran más bobinas la envolvente es prácticamente una corriente continua ideal. En realidad, lo que hace el colector es rectificar a la corriente alterna.

En la siguiente figura, se observa la salida del generador conformada por la envolvente que se corresponde con los máximos de cada semi-senoide, ya que cuando cada bobina es paralela al campo magnético, la tensión en ella es máxima y ese valor es el que toman las escobillas. La tensión que generan estas máquinas, denominadas dínamo, es prácticamente una corriente continua pura.

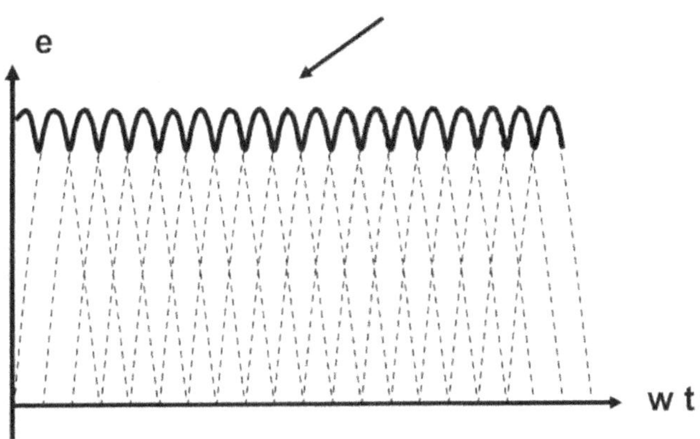

11.1.5 Componentes del generador.

En cualquier caso de generadores grandes o pequeños se distinguen dos partes principales, las cuales a su vez involucran a más piezas, y son: *Rotor* y *Estator*.

El denominado *Rotor*, es la parte en movimiento y se le denomina también armadura. Cuando se trata de máquinas pequeñas esta es la parte que se encarga de producir la energía eléctrica, mientras que para las máquinas de grandes proporciones es la que se encarga de producir el campo magnético.

El denominado *Estator* es la parte "quieta", estática de la máquina. Cuando se trata de máquinas pequeñas esta es la parte que se encarga de producir el campo magnético, mientras que para máquinas de grandes proporciones es la que se encarga de producir la energía eléctrica.

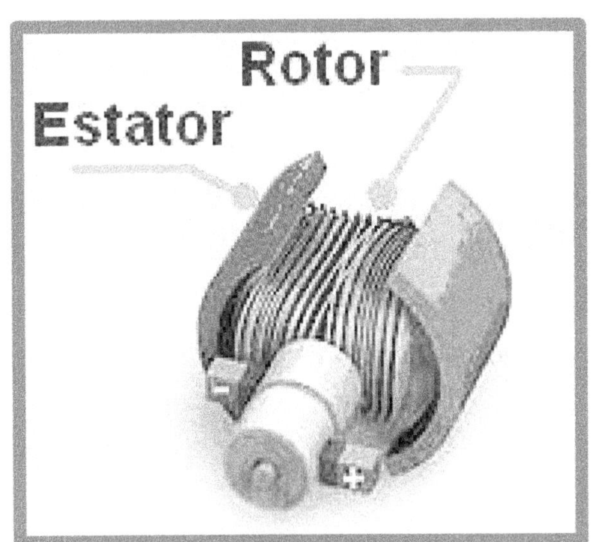

Cabe mencionar que para máquinas pequeñas el campo magnético puede ser creado por un imán natural (hierro magnético) mientras que para máquinas grandes el campo magnético se crea artificialmente arrollando conductor de cobre en hierro magnético haciendo pasar una corriente eléctrica por él.

- Inducido o rotor: es el rotor con sus arrollamientos y el colector.

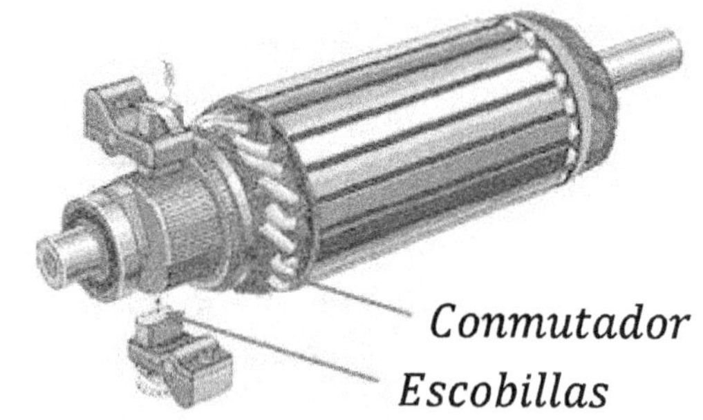

- Inductor, campo o excitación y también en algunos casos, estator: es el campo magnético, que en todos los generadores se produce mediante una CC.

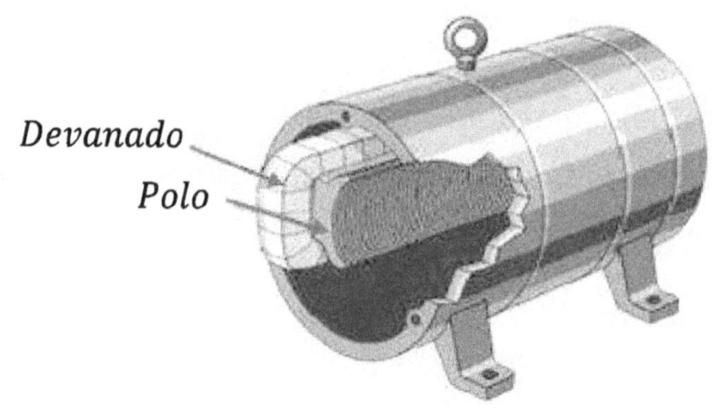

Ahora bien, para que el campo magnético sea efectivo en el inducido, los arrollamientos se ubican sobre un núcleo de hierro dulce laminado, de tal forma que el campo esté obligado a seguir un camino de baja permeabilidad magnética y así aumentar el rendimiento del generador.

En la figura se esquematiza un generador real.

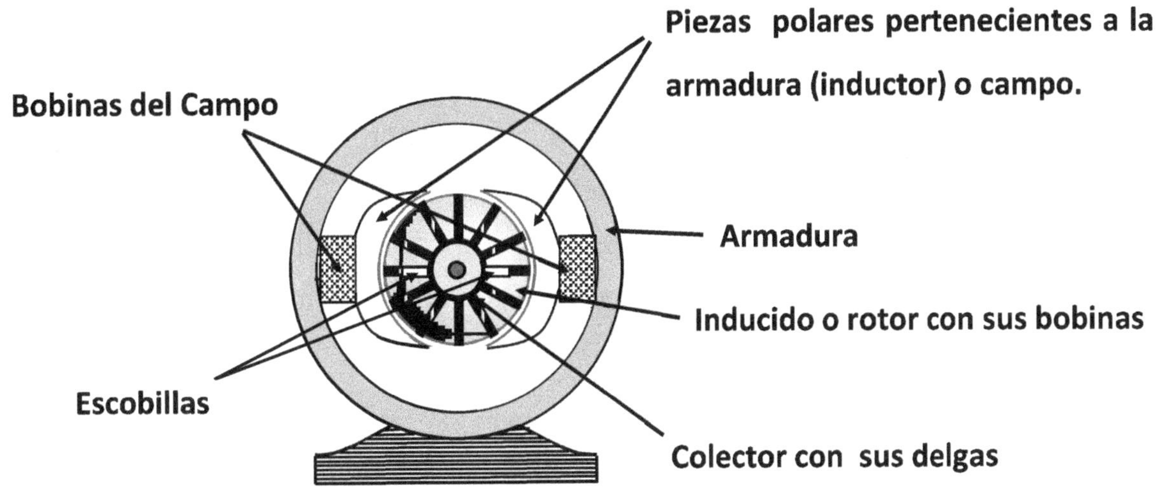

11.1.6 Preguntas de autoevaluación.

1) ¿ Qué tipo de corriente se obtiene en un generador básico ?
2) ¿ En qué elemento se extrae la corriente en el generador ?
3) ¿ Qué es el rotor y qué el estator ?
4) ¿ Cómo se obtiene CC en un generador ? Explique cómo se logra.
5) ¿ Con cuál mano se determina el sentido de circulación de la corriente en la espira ? Explique.

11.2 Motores

El motor eléctrico es la máquina más utilizada para transformar energía eléctrica en energía mecánica, pues combina las ventajas de la utilización de energía eléctrica (bajo costo, facilidad de transporte, limpieza y simplicidad de comando) con su construcción simple y robusta a bajos costos con gran versatilidad de adaptación a los más variados tipos de cargas.

- Los motores de corriente continua son motores con costo más elevado pues necesitan de una fuente de corriente continua, o de un dispositivo que convierta la corriente alterna en corriente continua. Este tipo de motor se utiliza en casos especiales.

- Los motores de corriente alterna son los más utilizados, porque la distribución de energía eléctrica es hecha en corriente alterna.

11.2.1 Conceptos generales de los motores eléctricos.

Los motores eléctricos operan bajo el principio de que un conductor colocado dentro de un campo magnético experimenta una fuerza cuando una corriente circula por el mismo como se ve en la figura. El principio de funcionamiento de un motor se basa en la ley de Laplace.

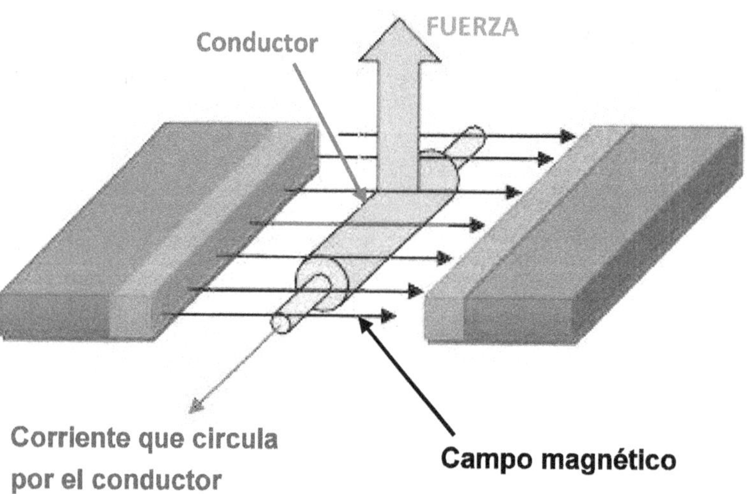

La magnitud de la fuerza varía directamente con la intensidad del campo magnético y la magnitud de la corriente que circula por el conductor, de acuerdo con la expresión:

$$F = I . B . L$$

11.2.2 Fuerza electromagnética ejercida sobre un cable conductor.

Si un cable conductor es recorrido por una corriente eléctrica de intensidad (I) cuando está en presencia de un campo magnético (B), aparece una fuerza sobre el conductor cuyo valor es.

$$F = B \cdot l \cdot I \cdot sen\alpha$$

Dónde:

$F = fuerza\ en\ Newtons$

$I = corriente\ en\ circulación$

$B = flujo\ magnético\ \dfrac{Weber}{m^2}\ o\ Tesla$

$L = longitud\ del\ conductor\ en\ metros$

$\alpha = ángulo\ que\ forma\ el\ conductor\ y\ la\ dirección\ del\ campo\ magnético$

En el caso que hubieran N cables en presencia de un campo magnético, la fuerza magnética inducida será la fuerza en un cable multiplicado por N, la fórmula será entonces:

$$F = N \cdot B \cdot l \cdot I \cdot sen\alpha$$

En la figura siguiente se ve la regla de la mano izquierda que permite determinar el sentido de la fuerza que actúa sobre el conductor.

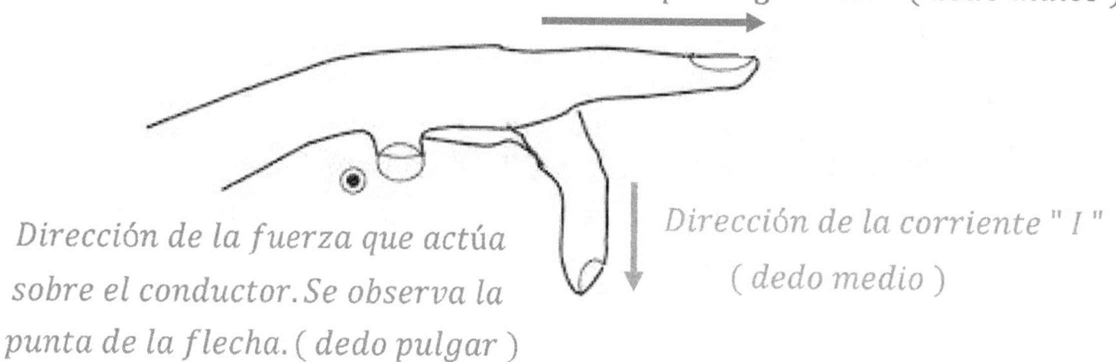

Ya hemos visto cómo es la fuerza que aparece sobre un hilo conductor recorrido por una corriente I, que está presente en un campo B, pero... ¿Cómo será en una espira?

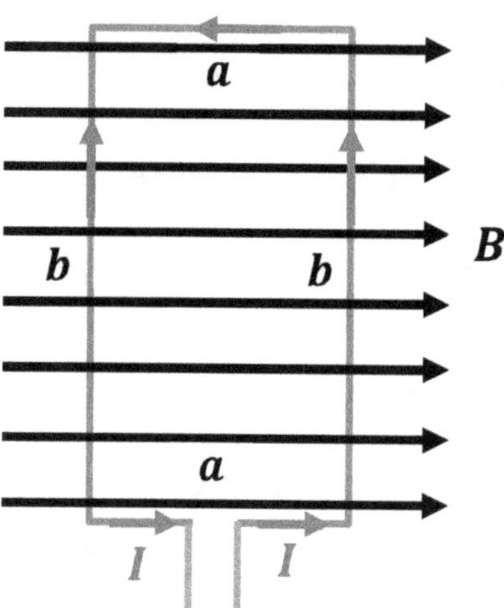

Sea **B** un campo de inducción magnético que actúa sobre una espira que es recorrida por una corriente eléctrica de intensidad I . ¿Qué pasará? Es de esperar que surjan fuerzas sobre la espira, pero, ¿Cómo serán? Recurriremos a la expresión:

$$F = B.L.I \, sen \, \alpha$$

La figura representa a la espira rectangular (color azul) cuyos lados miden " a " y " b " y es recorrida por una corriente de intensidad " I " tal como indica el sentido de la flecha roja en la figura.

La espira está situada en una región en la que hay un campo magnético uniforme " **B** " que está en el mismo plano que la espira, tal como indica la flecha de color negro en la figura. Calcularemos la fuerza que ejerce dicho campo magnético sobre cada uno de los lados de la espira rectangular, como si fuesen cuatro conductores diferentes.

Lados "a": Como la dirección de campo **B** coincide con la dirección del conductor, en un lado tiene el mismo sentido y en el otro sentido contrario, (no es lo mismo la dirección que el sentido), ambas magnitudes forman un ángulo nulo (0°) o 180°. La longitud del conductor es L = a. Por ello la fuerza en ambos lados "a" es:

$$F \ = \ B \, . \, a \, . \, I \ sen \, \alpha = \ B \, . \, a \, . \, I \ sen \, 0° = 0$$

$$F \ = \ B \, . \, a \, . \, I \ sen \, \alpha = \ B \, . \, a \, . \, I \ sen \, 180° = 0$$

Lados "b": Como la dirección del campo **B** es perpendicular a la dirección del conductor, ambas magnitudes forman un ángulo de 90°. La longitud del conductor es L = b. Por ello la fuerza en ambos lados " b " es:

$$F \ = \ B \, . \, b \, . \, I \ sen \, \alpha = \ B \, . \, b \, . \, I \ sen \, 90° = B \, . \, b \, . \, I$$

$$F \ = \ B \, . \, b \, . \, I \ sen \, \alpha = \ B \, . \, b \, . \, I \ sen \, 180° = - \, B \, . \, b \, . \, I$$

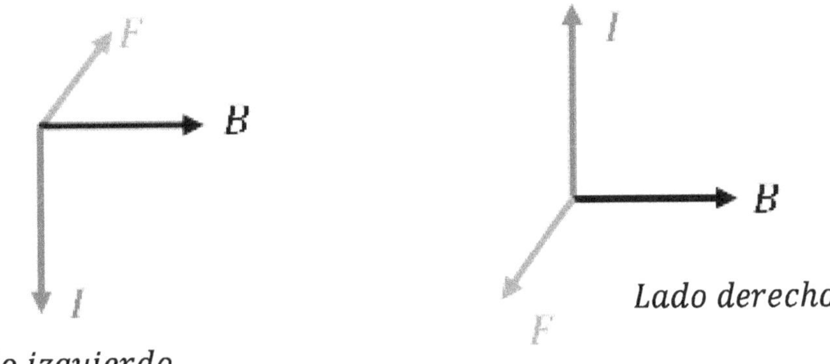

Lado izquierdo

Lado derecho

Las fuerzas en los lados " b ", son de igual valor y empleando la regla de la mano derecha se puede comprobar que son de sentido contrario. Constituyen, pues, un par de fuerzas que hará que la espira gire alrededor de un eje imaginario paralelo a los lados " b " de la espira.

El momento de fuerzas es : $M = I.S.B \ sen \ \alpha$

Dónde $M = momento\ de\ fuerzas\ o\ par\ motor\ (\ Newton\ .metro\ )$

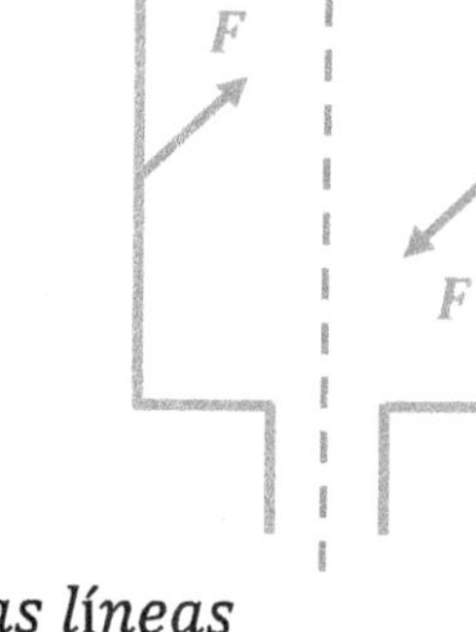

$I = intensidad\ de\ corriente\ (\ A\ )$

$S = Superficie\ de\ la\ espira\ (\ m^2\ )$

$B = Inducción\ de\ campo\ magnético\ (\ Tesla\ )$

$\alpha = ángulo\ formado\ por\ la\ superficie\ de\ la\ espira\ y\ las\ líneas$
$de\ campo\ magnético$

En general el rotor de un motor eléctrico queda dentro del campo magnético creado por el estator. Se induce una corriente dentro del rotor y la fuerza resultante (y por lo tanto el par) produce la rotación.

Si en lugar de una espira tenemos una bobina formada por N espiras, el par-motor será:

$$M = N.I.S.B \ sen \ \alpha$$

Cuando la espira gira un ángulo próximo a 90° ambas fuerzas siguen existiendo ya que la corriente y el campo magnético no han cambiado. Lo que sí ha disminuido es la distancia entre ambas fuerzas disminuyendo el par.

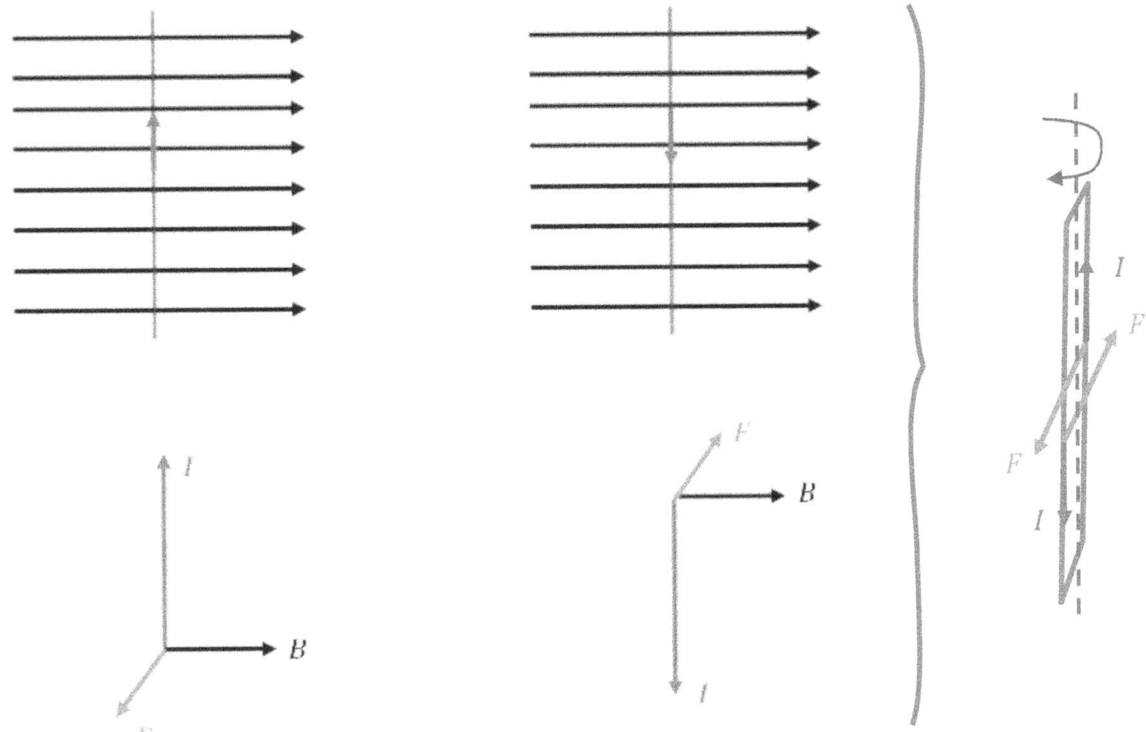

En el instante en que la espira ha girado 90° ambas fuerzas tienen la misma dirección (están sobre la misma recta de acción) por lo que el par se anula (distancia cero).

En la siguiente figura se observa una espira que gira sobre un eje O - O adentro de un campo magnético B. En dicha bobina se introduce una corriente I mediante el generador E de CC.

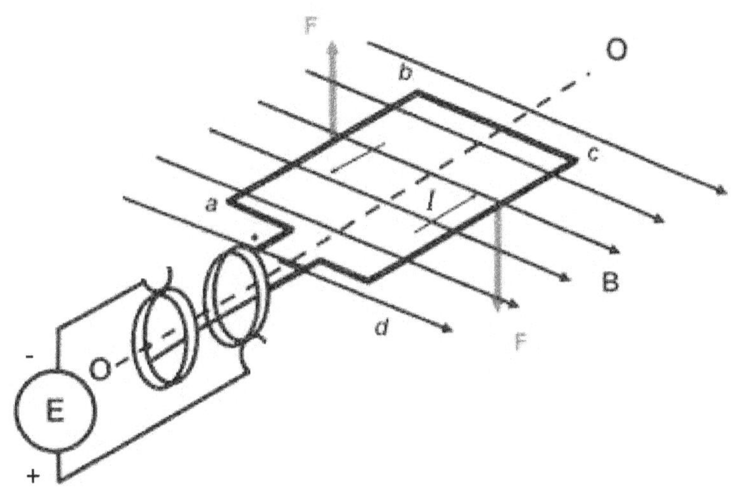

Un extremo del cuadro va conectado a un anillo conductor (delga) y el otro a otro anillo. Sobre ellos apoyan sendas escobillas que van conectadas a un generador de CC, con las polaridades que se observan en el dibujo.

Las espiras al dar media vuelta encuentran que el sentido de la corriente es inverso por lo que aparecerá una cupla inversa, imposibilitando a este motor elemental a continuar girando.

Se debe lograr que en la rama " d- c " de la derecha siempre la corriente suba y en el lado " b –a " de la izquierda la corriente baje. Para ello se coloca un solo anillo seccionado en dos similar al generador. Con ello cada vez que el cuadro de media vuelta, se encuentra nuevamente con el mismo sentido de la corriente y la cupla posee también la misma dirección por lo que el cuadro comienza a girar. La inercia que trae la bobina hace que siga girando en el mismo sentido.

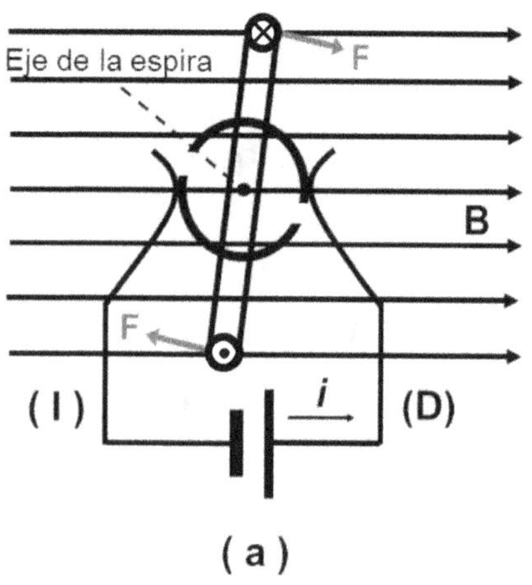

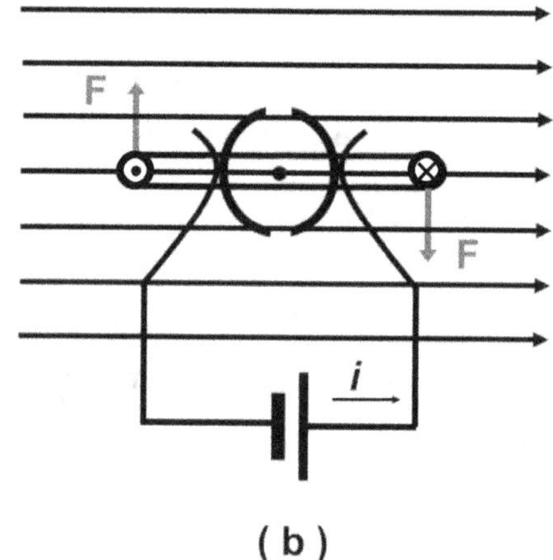

En la figura se ha esquematizado la posición de las delgas (semi anillos) y además se indica la circulación de la corriente. En el esquema (a) se observa que la delga superior (D) ha comenzado a rozar la escobilla correspondiente al lado superior del cuadro y la corriente que circula por dicha espira de tal forma que se observa en el corte de ella la corriente que se dirige en forma perpendicular al papel, hacia adentro, representada por la cola de una flecha indicadora del sentido de la misma. En la otra mitad de la espira se puede observar que la corriente sale.

En el cuadro, inmediatamente sale de la posición perpendicular al campo, aparece una cupla que lo obliga a girar, figura (a).

Dicha cupla es máxima en la posición paralela del cuadro al campo figura (b). Por influencia de la fuerza, el cuadro continua girando hasta llegar al instante anterior al representado en la figura (a). Por inercia, el cuadro continúa girando y se produce la conmutación que hace que la corriente tenga el sentido que se expone en ella.

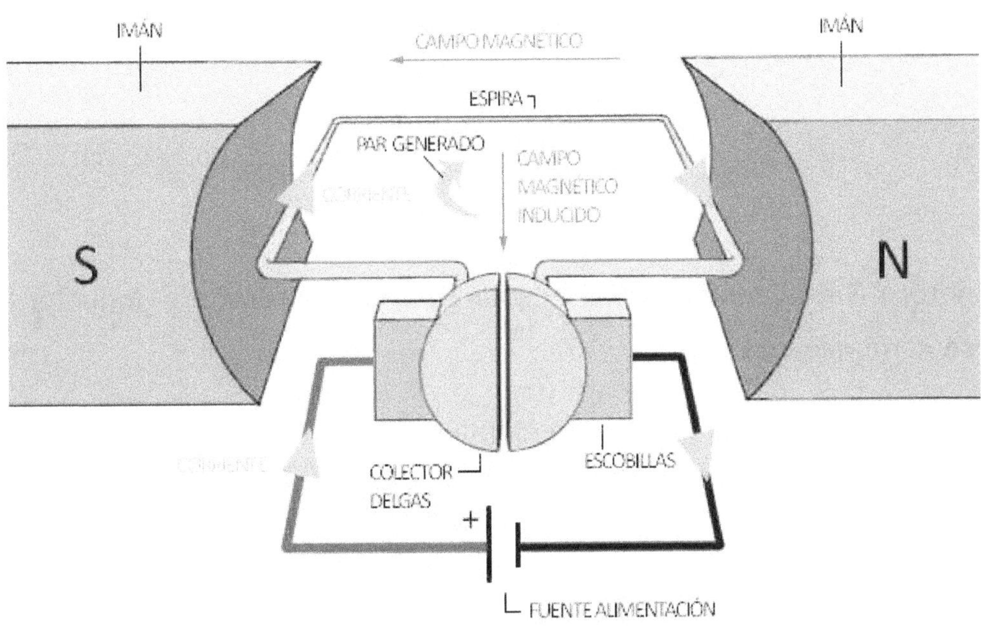

11.2.3 Potencia y par de un motor eléctrico.

La potencia mecánica de los motores se expresa en caballos de fuerza (HP) o Kilowatts, medidas que cuantifican la cantidad de trabajo que un motor eléctrico es capaz de realizar en un periodo específico de tiempo. Dos factores importantes que determinan la potencia mecánica en los motores son: el par y la velocidad de rotación.

El par es una medida de la fuerza que tiende a producir la rotación, se mide en Newton-metro o Libras-pie. La velocidad del motor se establece comúnmente en revoluciones por minuto (RPM). La relación entre la potencia, el par y la velocidad se da por la siguiente expresión:

$$Potencia = Velocidad . Par$$

A menor velocidad existe mayor par para entregar la misma potencia, entonces los motores de baja velocidad necesitan componentes más robustos que los de alta velocidad para igual potencia nominal.

11.2.4 Motores eléctricos de Corriente Continua.

Un motor CC está compuesto principalmente por el rotor y el inductor que a su vez se componen de:

- Un imán fijo que constituye el inductor
- Un bobinado denominado inducido que es capaz de girar en el interior del primero, cuando recibe una CC.
- Escobillas: cuya función es la de transmitir la corriente proveniente de la fuente CC al colector o conmutador. Las escobillas son de grafito, material menos duro que el del conmutador, con el fin de evitar el desgaste del mismo. Debido a que el acercamiento de las escobillas al conmutador debe ser continuo para evitar las chispas entre una conmutación y otra, las escobillas poseen un sistema de resortes que proveen la presión suficiente para generar un contacto adecuado entre estas y el conmutador.
- El colector o conmutador es un conjunto de láminas (delgas) que van montadas sobre el rotor, separadas entre sí y del eje por medio de materiales aislantes para evitar el contacto eléctrico con estos. Su función es la de mantener la corriente que viene de las escobillas en un flujo unidireccional y comunicándola de esta manera al inducido.

- Eje que tiene como responsabilidad ser la parte móvil del rotor y sobre el que van montados: el inducido, el colector o conmutador y el núcleo del inducido. Para facilitar su movimiento giratorio está soportado sobre cojinetes.

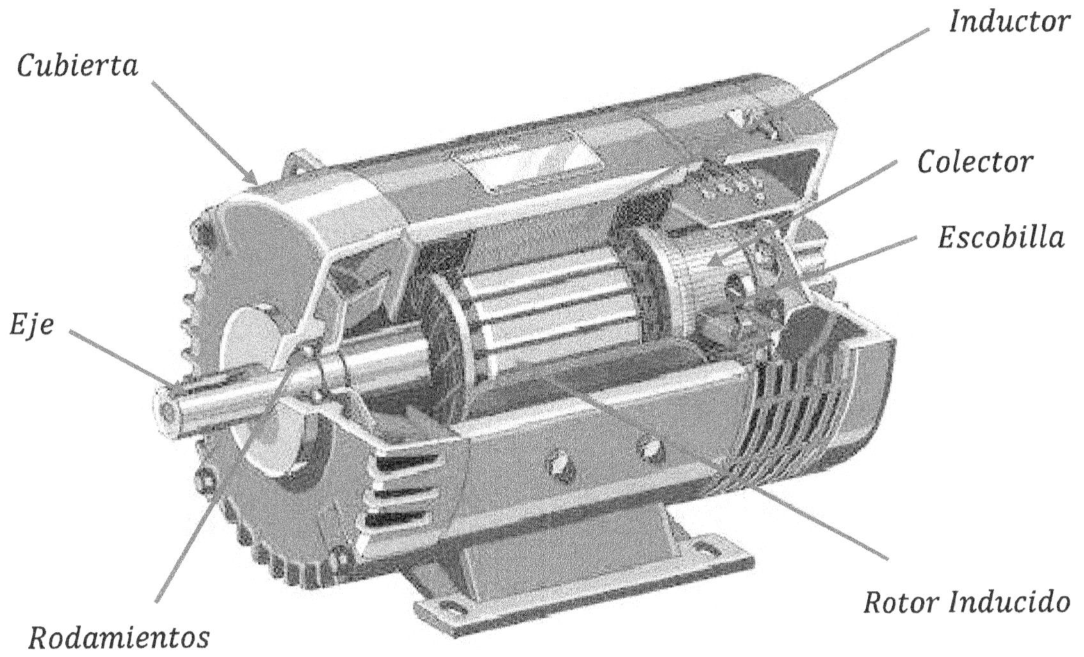

Generalmente los motores CC tienen la disposición de montaje que se muestra en la próxima figura, donde es posible apreciar las dos partes más importantes del motor CC que son el rotor y el inductor. El rotor es una pieza giratoria cilíndrica, un electroimán móvil, con varios salientes laterales, que llevan cada uno a su alrededor un bobinado de hilo de cobre por el que pasa la corriente eléctrica. El estator, situado alrededor del rotor, es un electroimán fijo, cubierto con un aislante. Al igual que el rotor, dispone de una serie de salientes con bobinados eléctricos por los que circula la corriente. También se ve en esta figura uno de los polos del imán que poseen este tipo de motores y que es el responsable del campo magnético. Además se aprecia la forma mecánica en la que las escobillas entran en contacto con las delgas del conmutador que gira con el rotor y se esquematiza de manera sencilla los resortes usados con el fin de mejorar el contacto y evitar las chispas por mal contacto entre el conmutador y el rotor.

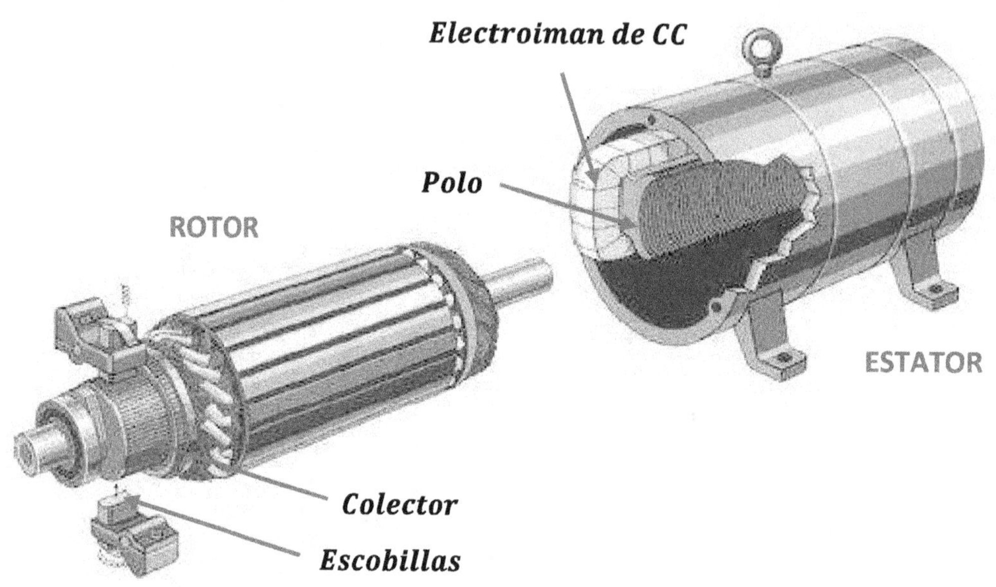

Otro elemento importante y fundamental del motor eléctrico de corriente continua es el colector de delgas, que es un conjunto de láminas de cobre, aisladas entre sí y que giran solidariamente con el rotor. Las delgas están conectadas eléctricamente a las bobinas del devanado inducido y por medio de ellas dicho devanado se puede conectar a la fuente de energía eléctrica del exterior. Cada delga está unida eléctricamente al punto de conexión de dos bobinas del devanado inducido, de tal forma que habrá tantas delgas como bobinas simples posea el devanado. Al colector de delgas también se le conoce como conmutador.

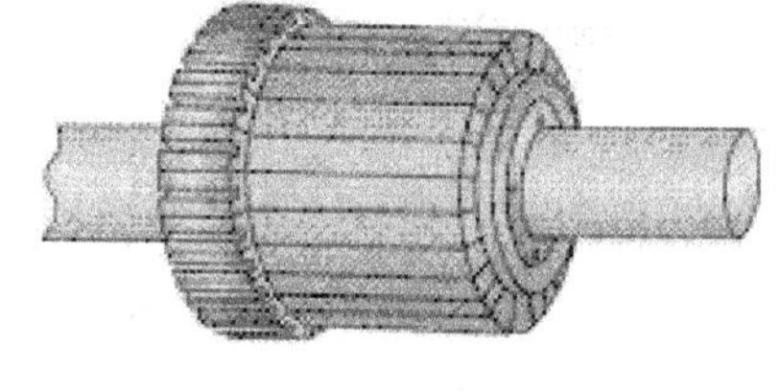

Escobillas: Las escobillas permanecen fijas al estator, sin realizar movimiento alguno, y están en contacto permanente sobre la superficie del colector de delgas. Esto permite el paso de corriente eléctrica desde el exterior hasta el devanado inducido del rotor. Las escobillas y el colector de delgas permiten la conmutación de corriente cada media vuelta del rotor.

11.2.4.1 Desde el punto de vista del tipo de corriente eléctrica pueden ser:

- De corriente continua
- De corriente alterna: síncronos y asíncronos

Para permitir el movimiento del rotor, entre rotor y estator, existe un espacio de aire llamado entrehierro, que debe ser lo más reducido posible para evitar pérdidas del flujo magnético.

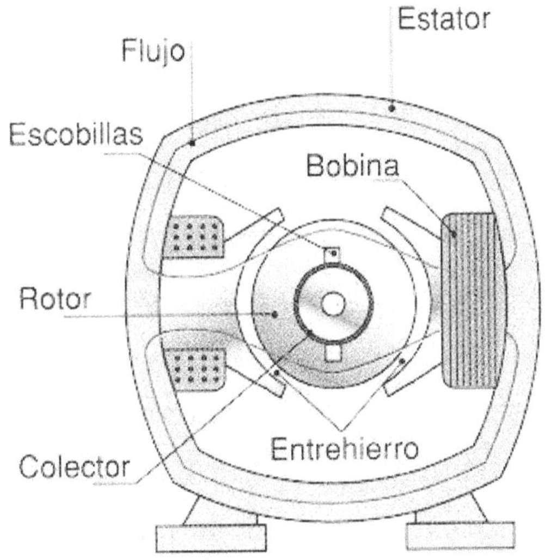

11.2.4.2 Desde el punto de vista electromagnético se pueden considerar constituidos por:

- Un conjunto magnético   .

- Dos circuitos eléctricos: uno en el rotor y otro en el estator.

11.2.4.3   Definiciones

Devanado o bobinado: hilo de cobre arrollado que forma parte de los circuitos eléctricos de las máquinas.

Uno de los devanados de uno de los circuitos eléctricos produce el flujo que se establece en el conjunto magnético cuando es recorrido por la corriente eléctrica, es el devanado inductor o excitador. En el otro devanado, perteneciente al segundo circuito eléctrico se induce una fuerza que provoca un par-motor en el caso de un motor eléctrico, este es el devanado inducido.

Devanado (o bobinado) inductor: Es el devanado (circuito eléctrico) que genera el campo magnético de excitación en una máquina eléctrica. Se sitúa en el interior del estator en número par en unos salientes llamados polos. En todo circuito magnético, como se sabe se distinguen los polos norte, de donde salen las líneas de fuerza del campo de inducción magnética (B), y los polos sur, por donde entran dichas líneas. Siguiendo el circuito magnético de los motores de corriente continua se observan núcleos de hierro rodeados por bobinas (devanados) que se conocen como polos, que van incrustados por uno de sus extremos en una pieza de hierro llamada culata o expansión polar, de manera que queda libre sólo el extremos de cada uno de ellos, que es precisamente el que da nombre al polo. En definitiva, los polos generan un campo magnético cuando circula corriente por ellos, un campo magnético inductor.

Devanado (o bobinado) Inducido: Es el devanado sobre el que se inducen las fuerzas electromotrices. Se sitúa en unas ranuras del rotor.

Antes de enumerar los diferentes tipos de motores, conviene aclarar un concepto básico que debe conocerse de un motor: el concepto de funcionamiento con carga y funcionamiento en vacío.

- Un motor funciona con carga cuando está arrastrando cualquier objeto o soportando cualquier resistencia externa (la carga) que le obliga a absorber energía mecánica. Así pues, en este caso, el par resistente se debe a factores internos y externos. Por ejemplo: una batidora encuentra resistencia cuando bate mayonesa; el motor de una grúa soporta las cargas que eleva, el propio cable, los elementos mecánicos propios de la grúa,..., etc.
- Un motor funciona en vacío, cuando el motor no está arrastrando ningún objeto, ni soportando ninguna resistencia externa. El eje está girando libremente y no está conectado a nada. En este caso, el par resistente se debe únicamente a factores internos.

El giro del rotor (revolución) induce una tensión en las bobinas del mismo. Esta tensión es opuesta en la dirección a la tensión de alimentación que se aplica a el rotor, y de ahí que se conozca como voltaje inducido o fuerza contra electromotriz.

Cuando el motor gira más rápido, esta tensión inducida aumenta hasta que es casi igual a la de alimentación. La corriente entonces es pequeña, y la velocidad del motor permanecerá constante siempre que el motor no esté bajo carga y tenga que realizar otro trabajo mecánico que no sea el requerido para mover el rotor. Bajo carga, el rotor gira más lentamente, reduciendo el voltaje inducido y permitiendo que fluya una corriente mayor en el rotor. El motor puede así recibir más potencia eléctrica de la fuente, suministrándola y haciendo más trabajo mecánico.

Debido a que la velocidad de rotación controla el flujo de la corriente en el rotor, deben usarse aparatos especiales para arrancar los motores de corriente continua. Cuando el rotor está parado, ésta no tiene realmente resistencia, y si se aplica el voltaje de funcionamiento normal, se producirá una gran corriente, que podría dañar el conmutador y las bobinas del rotor. El medio normal de prevenir estos daños es el uso de una resistencia de encendido conectada en serie con el rotor, para disminuir la corriente antes de que el motor consiga desarrollar el voltaje inducido adecuado. Cuando el motor acelera, la resistencia se reduce gradualmente, tanto de forma manual como automática.

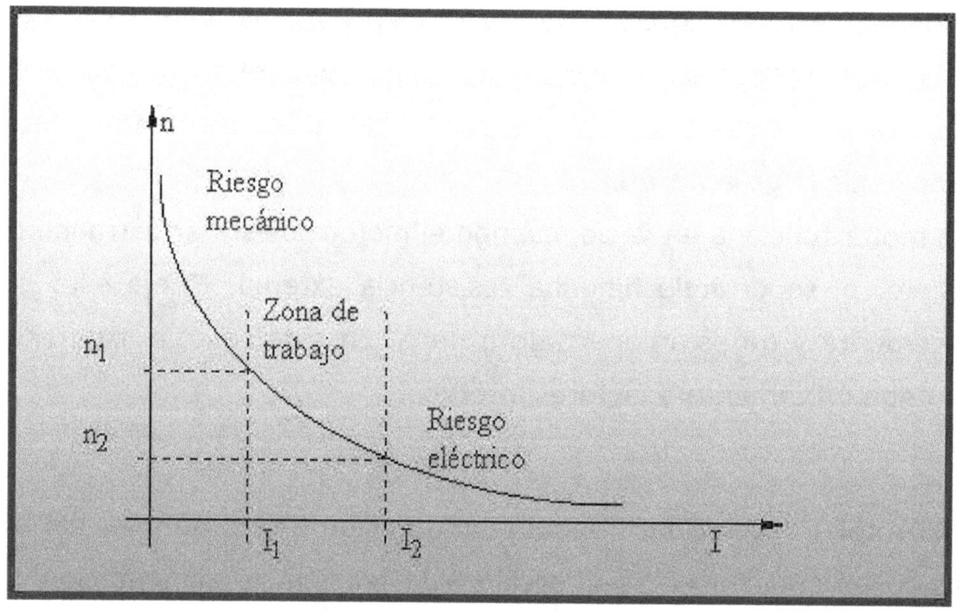

Esta es la característica más importante de este motor. Cuando no hay resistencia (par pequeño) el motor se puede embalar, no debe trabajar en vacío. El motor tiene el máximo par en el momento del arranque. Si la carga es mucha el motor se puede parar.

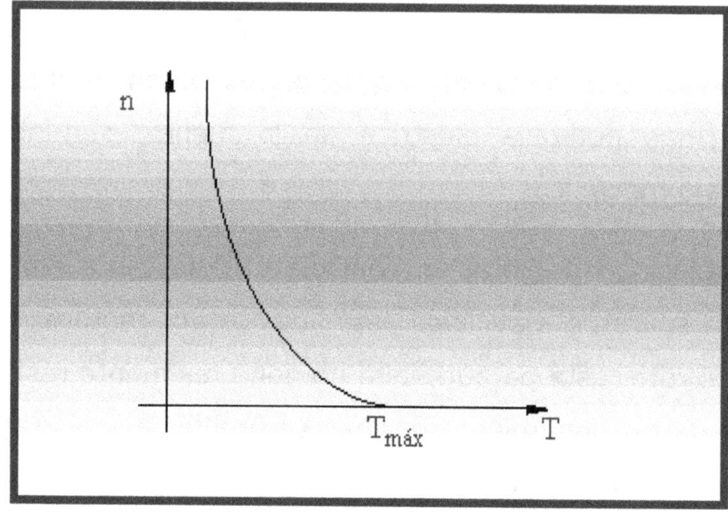

11.2.4.4 Conexiones del motor de corriente continua

Las conexiones que se pueden realizar en un motor son tres:

- Serie.
- Paralelo.
- Compound (excitación compuesta).

11.2.4.5 Excitación Serie

Como se puede observar en el dibujo el devanado de excitación se encuentra conectado en serie con el inducido.

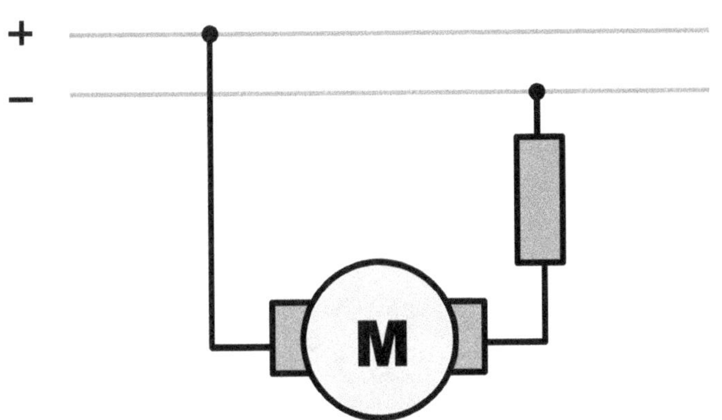

Si esta se desconecta de los bornes de salida del motor, quedara interrumpido el circuito de excitación y por lo tanto no se producirá en el inducido tensión alguna. La tensión aplicada es constante, mientras que el campo magnético de excitación aumenta con la carga, puesto que la corriente es la misma corriente de excitación. Al cargar el motor debe tomar más corriente para vencer el obstáculo a que gire su eje.

El flujo aumenta en proporción a la corriente en la armadura, como el flujo crece con la carga, la velocidad cae a medida que aumenta esa carga. El principal problema de esta conexión es que en el momento de arranque, la corriente que circula es muy elevada, debido a que el motor al estar detenido aún no ha creado la fuerza contra electromotriz, y la única resistencia que ofrece el conjunto es la del alambre de los devanados y ésta es MUY BAJA.

En el motor con excitación en serie tenemos que la intensidad de excitación es igual a la intensidad que circula por el inducido. Esta es su característica principal. El motor con excitación en serie es mejor arrancarlo con una carga ya que a bajas intensidades adquiere mucha velocidad de giro resultando arriesgado para el motor. Para que no ocasionen caídas de tensión elevadas en el devanado del inductor es preciso que tenga pocas espiras y además estas deben ser de hilo grueso, de lo contrario la velocidad sería muy pequeña.

Una taladro no podría tener un motor serie, ¿Por qué? Pues porque al terminar de efectuar el orificio en la pieza, la máquina quedaría en vacío (sin carga) y la velocidad en la broca aumentaría tanto que llegaría a ser peligrosa la máquina para el usuario

Sabiendo que el flujo de campo inductor es proporcional a la intensidad de excitación tenemos que el flujo magnético dependerá directamente de la intensidad de carga en el inducido.

La curva característica que representa la velocidad sería:

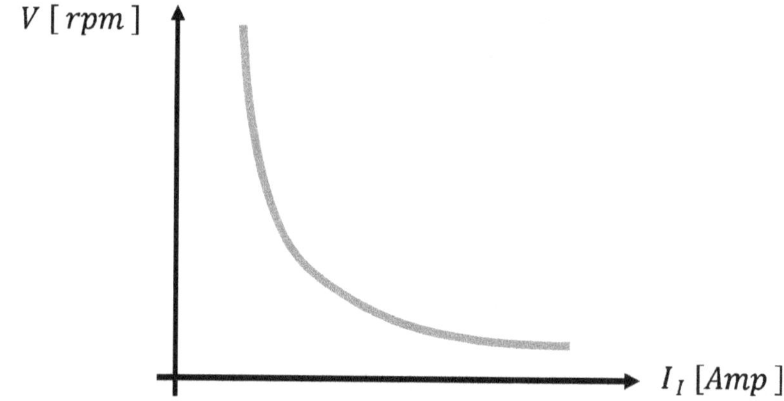

Se puede ver que a bajas intensidades la velocidad de giro se eleva peligrosamente. Sin carga la velocidad tiende a infinito.

Respecto al par motor es muy alto en el arranque debido a que tiene una elevada corriente de arranque. Respecto a la característica mecánica estudiaremos el siguiente diagrama:

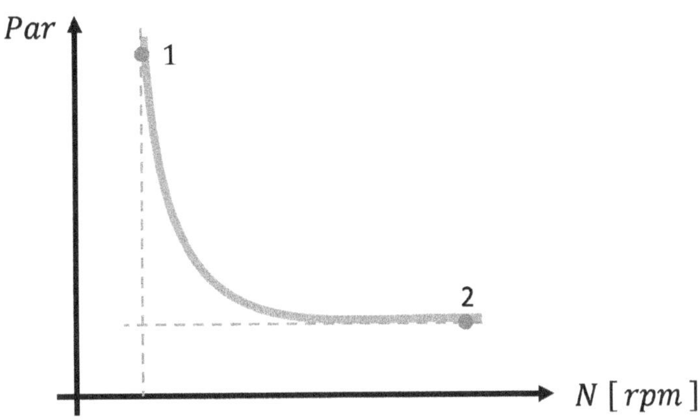

Cuando el par excede el punto 1 el motor no puede con la carga y tiende a pararse. Sin embargo cuando el par se encuentra por debajo del punto 2 el motor se acelera. Es decir al reducir la velocidad de giro el motor genera más par y una mayor potencia. Esta característica es muy útil en los medios de transporte eléctrico como locomotoras, tranvías, grúas, sillas de ruedas, etc. Si una persona en silla de ruedas debe subir por una rampa su motor desarrollará más par y por ello más potencia ya que disminuye su velocidad.

Las características más destacadas de este motor son:

- Gran par de arranque
- Velocidad variable con la carga aplicada a su eje
- No se daña fácilmente con sobrecargas.
- Se embala cuando funciona en vacío
- La potencia es casi constante a cualquier velocidad.

11.2.4.6 Autoexcitación Shunt o Paralelo.

Se conecta inductor e inducido en paralelo, conectados ambos a la tensión de alimentación.

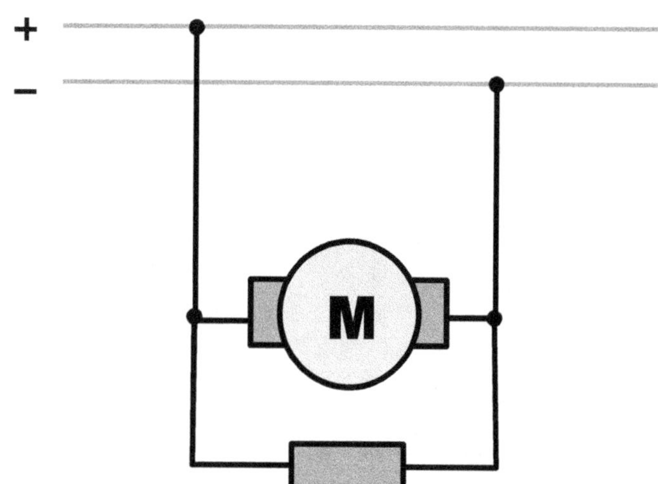

En este caso, cada devanado trabajará con una tensión constante, lo que hace que el flujo magnético del inductor o campo sea constante, traduciéndose esto último en que la velocidad permanece constante aunque varíe la carga mecánica.

Respecto al par motor tenemos que decir que mientras el flujo sea constante, el par es directamente proporcional a la corriente del inducido. Además el par motor lo podemos relacionar con la velocidad del motor, a esta relación se la llama característica del motor. Siendo esta característica la que mejor define el funcionamiento del motor con excitación en derivación o shunt, esto es así porque se puede calcular la velocidad de giro del motor necesaria para una determinada carga. Si se aumenta la carga aplicada al motor se obtiene una corriente del inducido mayor para poder producir un par de motor igual a la carga, lo que hace que este tipo de motor sea muy estable.

En el instante del arranque, el par motor que se desarrolla es menor que en el motor serie. Al disminuir la intensidad absorbida, el régimen de giro apenas sufre variación. Es el tipo de motor de corriente continua cuya velocidad no disminuye más que ligeramente cuando el par aumenta.

Los motores de corriente continua en derivación son adecuados para aplicaciones en donde se necesita velocidad constante a cualquier ajuste del control o en los casos en que es necesario un rango apreciable de

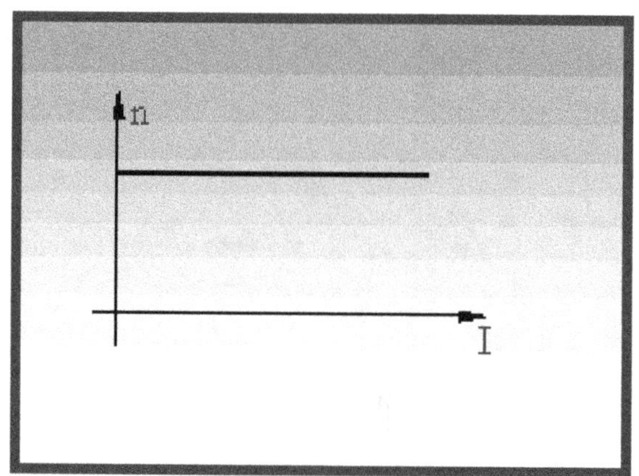

velocidades (por medio del control del campo).

Este motor es usado en máquinas herramientas.

Sus características son:

- Débil par de arranque;
- No soportan bien las sobrecargas
- Velocidad constante casi independiente de la carga.

Sus principales aplicaciones son aquellas en donde es necesario variar la velocidad con par constante, como por ejemplo en las bombas de sangre para diálisis.

11.2.4.7 Excitación Compound

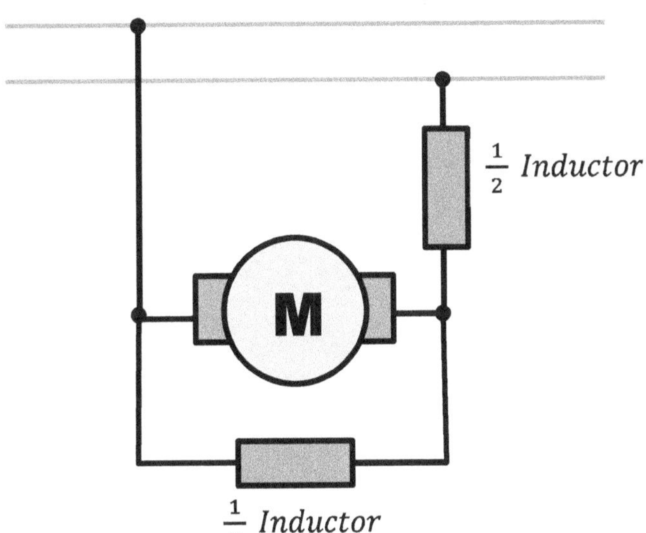

Un motor compound o motor de excitación compuesta es un motor eléctrico de corriente continua cuya excitación es originada por dos bobinados inductores independientes; uno dispuesto en serie con el bobinado inducido y otro conectado en derivación con el circuito formado por los bobinados: inducido, inductor serie e inductor auxiliar. En este tipo se tiene una combinación de la excitación serie y derivación (motor serie y paralelo) con lo que se logra combinar las buenas características de ambas conexiones. Para la realización de la misma se cuenta con un inductor o campo separado en dos arrollamientos, conectando uno de ellos en derivación y el otro en serie con el inducido, pero situado de tal manera que la corriente que circule por este semi devanado sea de sentido contrario a la que pasa por el otro.

Presentan características intermedias entre el motor serie y shunt, mejorando la precisión y estabilidad de marcha del paralelo y el par de arranque del serie y no corre el riesgo de embalarse al perder la carga.

El flujo del campo serie varía directamente a medida que la corriente de armadura varía, y es directamente proporcional a la carga. El campo serie se conecta de manera tal que su flujo se añade al flujo del campo principal shunt. El motor compound es un motor de excitación o campo independiente con propiedades de motor serie. El motor da un par constante por medio del campo independiente al que se suma el campo serie con un valor de carga igual que el del inducido. Cuantos más amperes pasan por el inducido más campo serie se origina, claro está, siempre sin pasar del consumo nominal.

De esta forma se consigue :

- Velocidad constante para todas las cargas.
- Par bastante débil.

11.2.4.8 Preguntas de autoevaluación.

6) ¿Cuándo se utilizan los motores de corriente continua ?. Dar ejemplos de aplicación. ¿Se pueden transformar en generadores?.

7) ¿Cuáles son los dos circuitos de un motor de corriente continua?. Explique cada uno de ellos.

8) Explica la función que hacen los siguientes elementos de un motor eléctrico:

- Imanes.
- Electroimanes.
- Colector
- Escobillas.

9) ¿Qué es el rotor?¿Y el estator?

10) ¿Qué diferencias hay entre un imán y un electroimán?

11) Indique los elementos de un motor en la siguiente figura:

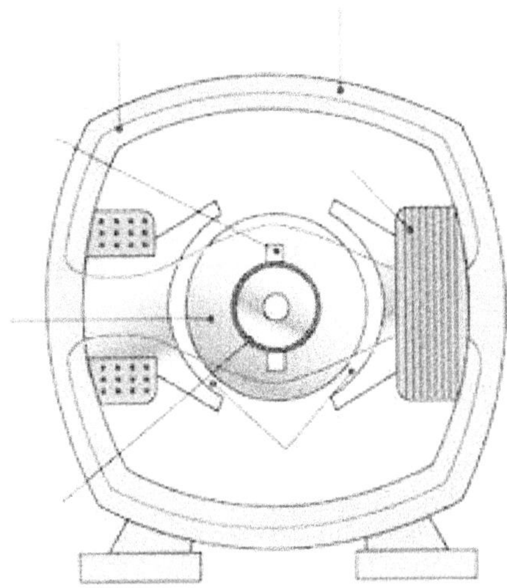

12) ¿ Por qué gira la bobina cuando circula corriente continua por ella en un motor ?

13) ¿ Con cuál mano se determina el sentido de giro de la espira ? Explique.

14) Diga cómo se conectan los bobinados inductores en un motor serie.

15) Indique las características del motor serie. Ventajas y desventajas.

16) Diga cómo se conectan los bobinados inductores en un motor paralelo.

17) Indique las características del motor paralelo. Ventajas y desventajas.

18) Diga cómo se conectan los bobinados inductores en un motor compound.

19) Indique las características del motor compound. Ventajas y desventajas.

11.2.5 Motores eléctricos de Corriente Alterna

Las máquinas de corriente alterna son dispositivos que utilizan para su funcionamiento la tensión de las líneas de alimentación, tanto domiciliaria como industrial y que en la República Argentina es trifásica con una tensión entre fases de 220 Volt y entre líneas de 380 Volt y 50 Hz.

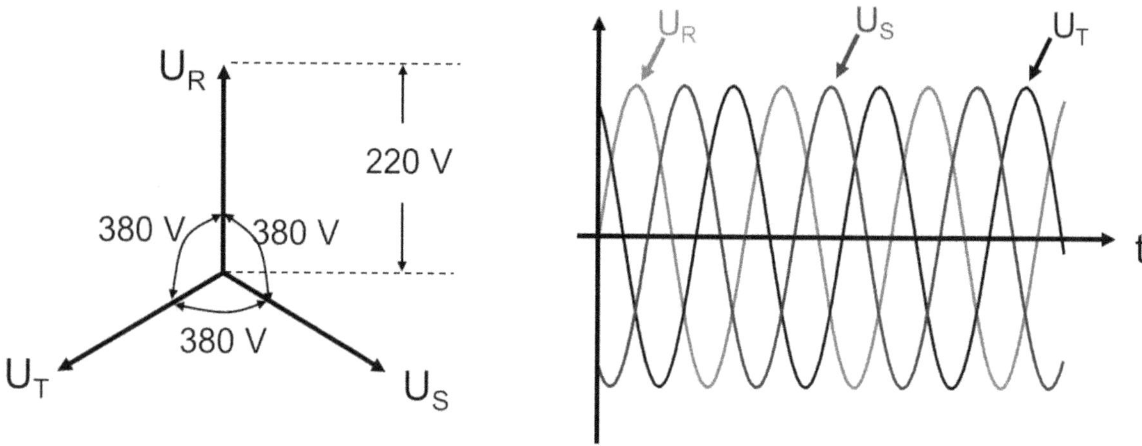

11.2.5.1 Máquinas de inducción: Motores Asíncronos

Este tipo de motor es uno de los más utilizados en infinidad de aplicaciones y se construyen para tensiones monofásicas de 220 Volt como para trifásica. Los monofásicos se fabrican para potencias máximas de hasta dos y tres HP. Para potencias mayores se utilizan los trifásicos y se pueden construir desde 3 HP hasta 400 o 500 HP.

En el uso doméstico tal como heladeras, lavarropas, aire acondicionado, ventiladores, etc, el motor utilizado es el monofásico

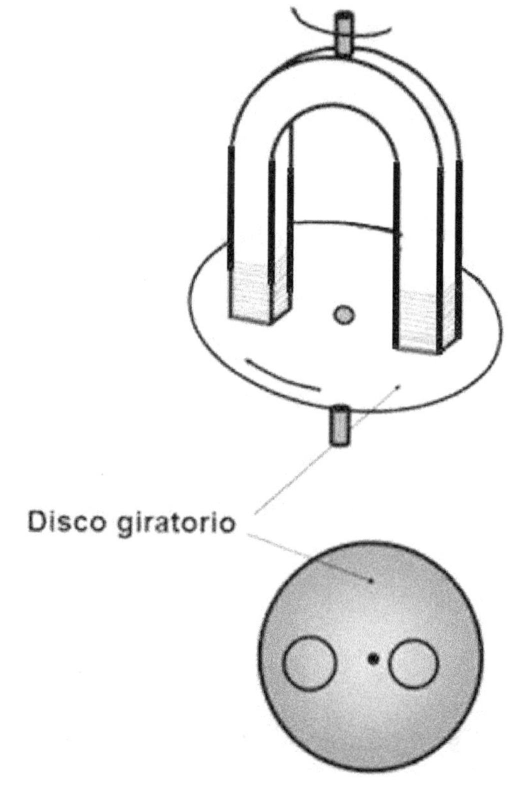

Su principio de funcionamiento está basado en los experimentos que Ferraris realizó en el año 1885. En la anterior figura se ha esquematizado dicho principio.

Se puede observar en la figura, un imán con sus respectivos polos, con un eje vertical que le permite girar sobre él. Por otro lado, en la misma dirección del eje, existe otro al cual va adosado un disco metálico que puede girar libremente. El imán no hace contacto con el disco pero está muy próximo a él. Al hacer girar el imán, se producen en el disco corrientes inducidas, las cuales recordando a la ley de Lenz tenderán a crear a su vez otro campo magnético que se oponga al que le dio origen. El efecto resultante es el giro del disco en el mismo sentido que el imán.

No obstante ello, en el instante que el disco alcanza la misma velocidad que el imán desaparecerán las corrientes inducidas sobre el mismo, con lo que se retrasará, lo que obligará a que aparezcan de nuevo dichas corrientes. De todo ello se obtiene el resultado de que el disco va algo retrasado con respecto al imán; esto es, su velocidad es algo menor que aquél. Debido a ello a este sistema se lo denomina asíncrono que significa que no existe igualdad de velocidad o de sincronismo.

El experimento descripto no se puede convertir directamente en un motor ya que no transforma energía eléctrica en mecánica, sino que únicamente efectúa un acoplamiento electromagnético por ser necesario tener que mover el imán para hacer girar al disco. El que está produciendo el giro del imán es un campo giratorio.

Para lograr obtener este campo giratorio y desarrollar un motor útil, el método es empleando corriente alterna. Para ello se construyen dos electroimanes formando un ángulo recto, a los que se aplican a su vez dos corrientes alternas desfasadas entre ellas 90º.

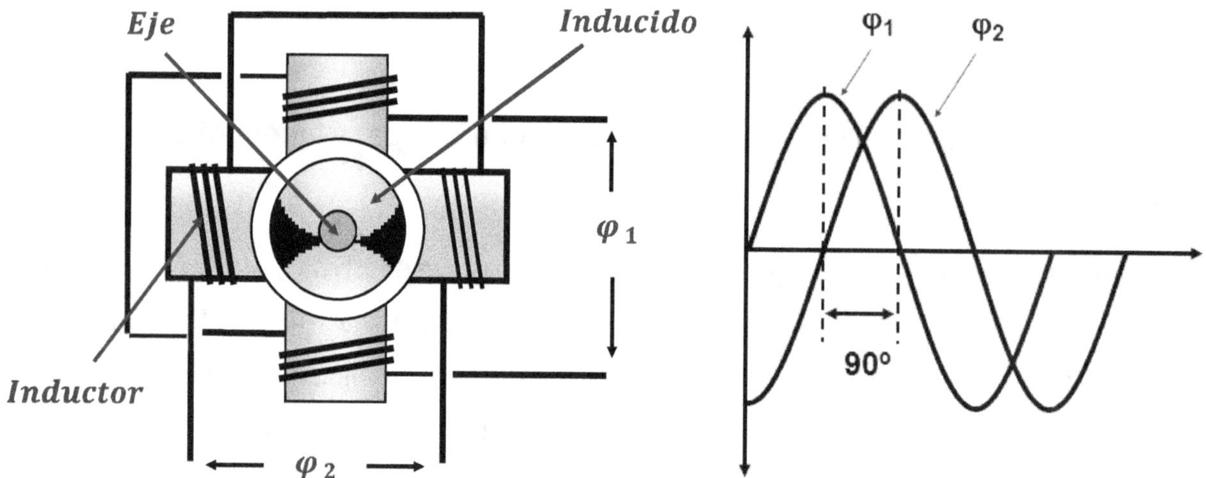

Este motor, que se conoce también como de inducción, se alimenta con una tensión monofásica de 220 Volt (motor de inducción monofásico). Tal como se expone en el dibujo de la figura anterior, si se aplica la misma tensión monofásica de 220 Volt a ambos arrollamientos, no se producirá un campo giratorio, y por ello el rotor queda detenido.

Si se aplica a cada par de electroimanes dos tensiones desfasadas 90º, se producirá un campo giratorio que inducirá en el rotor (inducido) una fem que producirá corriente en los conductores cortocircuitados y provocará la necesaria fuerza magneto motriz para que el motor gire y alcance su velocidad nominal.

El método para que el motor inicie su movimiento es aplicando a un par de electroimanes (que se denomina bobina de trabajo, φ_1) la tensión de 220V; y al otro par (bobina de arranque, φ_2) la misma tensión pero a través de un condensador que genera un campo desfasado del anterior en aproximadamente 90º. Por ello entonces se produce el campo giratorio y el motor arranca.

Para que el arrollamiento de arranque no quede permanentemente conectado consumiendo potencia extra que se traduce en calor en dicho bobinado, se desconecta una vez que el motor inicia su movimiento, tal como puede observarse en la figura.

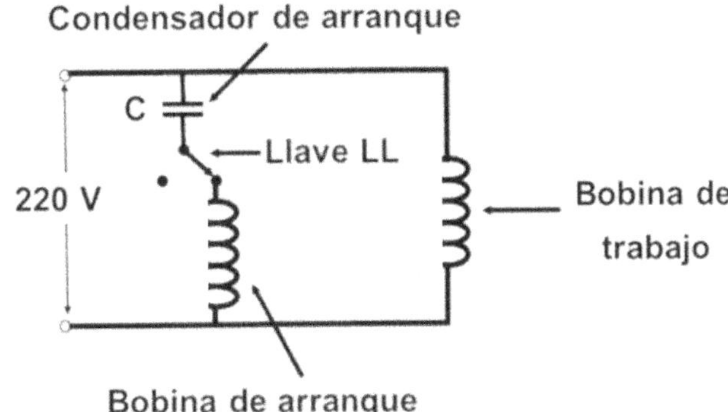

El esquema circuital de la figura, muestra cómo se conectan los arrollamientos y la llave LL es un sistema centrífugo que posee el motor; que cuando el mismo está detenido, el condensador está conectado al bobinado de arranque. En estas condiciones, cuando se conecta la tensión, el mismo produce un campo desfasado 90º y el motor arranca. La llave se abre por sistema centrífugo, al adquirir velocidad el motor, lo desplaza y mientras está girando sigue desconectado.

En los motores de fracción de HP, como los que se utilizan en ventiladores, el condensador se deja permanentemente conectado ya que la potencia absorbida a la línea es muy pequeña. El sistema centrífugo se utiliza para todos los motores monofásicos desde 1/5 hasta 3 HP. Estos motores son muy utilizados en heladeras, lavarropas, etc.

Respecto a la velocidad de estos motores, que se denomina " ns " (velocidad de sincronismo) ella es proporcional a la frecuencia de la línea e inversamente proporcional a los pares de polos de trabajo.

$$\eta_S = \frac{frecuencia \cdot 60\,seg}{N^\underline{o}\ de\ polos} \qquad \Longrightarrow \qquad \eta_S = \frac{50\,Hz \cdot 60\,seg}{N^\underline{o}\ de\ par\ de\ polos}$$

$$\boxed{\eta_S = \frac{3000}{N^\underline{o}\ de\ par\ de\ polos}}$$

Por lo tanto, para una máquina de 2 pares de polos, su velocidad será:

$$\eta_S = \frac{3000}{2} = 1500 \, rpm$$

Esta velocidad ns, en el experimento de Ferraris, es la de sincronismo, o sea que el disco giraría sincrónico con el imán, algo imposible ya que no habrá corrientes inducidas en el disco.

En el inducido, para que se genere la fuerza magneto motriz que hace girar al rotor, la fem solo se induce si el rotor se atrasa. Por ello, en este motor de inducción el rotor gira a una velocidad menor que la calculada con la expresión anterior. La velocidad de dicha expresión es la de sincronismo ya que el rotor giraría en forma directamente proporcional a la frecuencia de la tensión (de allí el nombre de sincrónico).

El atraso del rotor se denomina deslizamiento " S ". En los motores de dos pares de polos, la velocidad nominal (nn) es de aproximadamente 1480 rpm.

Conociendo la velocidad de sincronismo y la nominal se puede calcular el deslizamiento con la siguiente expresión:

$$S = \frac{\eta_S - \eta_n}{\eta_S} \implies S = \frac{1500 - 1480}{1500} = 0,0133$$

Para hablar sobre los motores eléctricos asincrónicos trifásicos y monofásicos es importante considerar los criterios más utilizados para seleccionar el motor eléctrico más adecuado para la aplicación deseada.

Potencia: Es la fuerza que el motor genera para mover la carga en una determinada velocidad. Esta fuerza es medida en HP (horse power), cv (caballo vapor) o en kW (Kilowatt) Comentario: HP y cv son unidades diferentes de kW.

De	Multiplique por	Para obtener
HP o cv	0,736	kW
KW	1,341	HP o cv

Para convertir los valores de unidades de potencia, usted puede usar las fórmulas de la tabla anterior.

Ejemplo: Dado un motor de 5 CV, transforme para kW:

$$5 \ cv \ x \ 0{,}736 \ W \ = \ 3{,}68 \ W$$

Nota: La potencia especificada en la placa de identificación del motor, indica la potencia mecánica disponible en el eje de salida.

Para obtener la potencia eléctrica consumida por el motor (kW . h), se divide la potencia en kW por su eficiencia (η).

Ejemplo: 5 cv = 3,68 kW (potencia mecánica)

η = 84,5% (Dato de placa para motor de 5 HP)

$$P \ (KW.h) = \frac{3{,}68}{0{,}845} = 4{,}35 \ KW$$

11.2.5.2 Motores de inducción trifásicos.

Los motores de inducción trifásicos son máquinas que se podrían considerar como ideales. Debe recordarse que el sistema trifásico consiste en tres fases de 380 V desfasadas en 120° entre ellas, de acuerdo al esquema siguiente que se expone en la figura

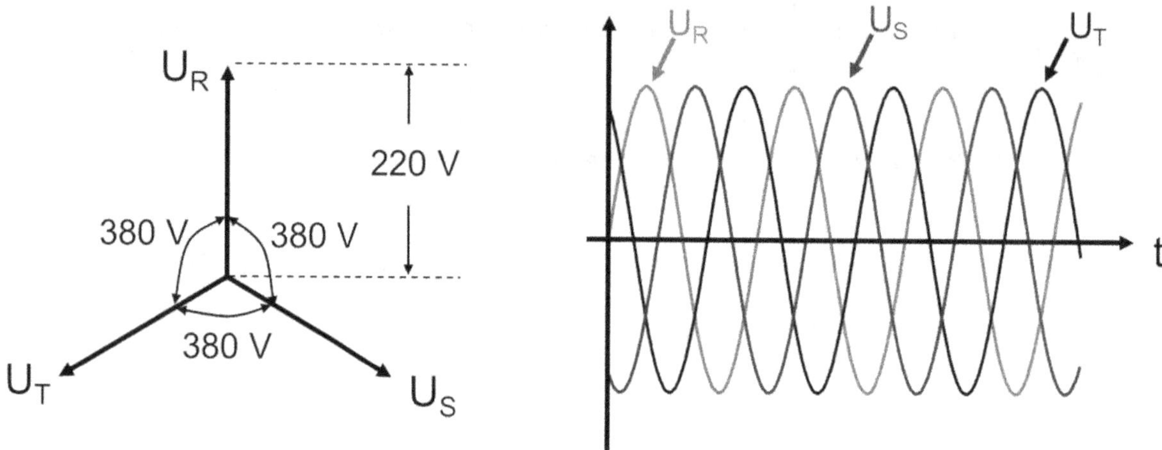

De acuerdo al sistema eléctrico, se puede construir un motor de inducción en el cual el flujo rotante estará de acuerdo a las fases. Ello hace que la máquina no necesite mecanismo de arranque y así el motor es muy sencillo. Su funcionamiento es muy suave por el flujo rotante. La construcción del mismo, para una velocidad nominal de aproximadamente 1480 RPM, se basa en la realización del inductor con tres pares de polos y el inducido con un rotor en jaula de ardilla. En la próxima figura se muestra el esquema de este motor.

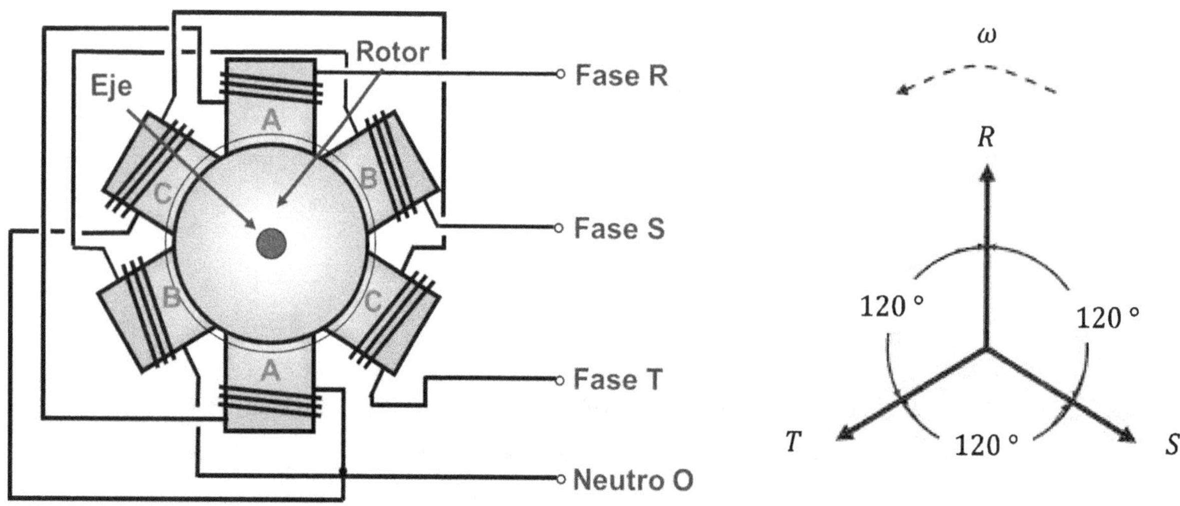

En la figura se pueden observar los tres electroimanes que actúan de inductores: A , B y C que poseen los correspondientes arrollamientos conectados en serie respectivamente. Cada extremo de cada arrollamiento va conectado a cada fase y cada terminación se ha unido conformando un punto común que se conecta al neutro.

Esta conexión en estrella se corresponde con las tensiones del generador o de las líneas, tal como se dibuja a la izquierda del motor. Se observa que las tensiones aplicadas al motor desfasadas 120º entre ellas producirán tres flujos rotantes también desfasados, y por ello se inducirán en el rotor corrientes que producirán la necesaria fuerza magneto motriz que hará girar al mismo sin ningún dispositivo de arranque. La velocidad de este motor se calcula de acuerdo a la expresión:

$$\eta_S = \frac{frecuencia \; . \; 120 \, seg}{N^{\underline{o}} \, de \, polos}$$

Esta velocidad es la de sincronismo y no es la real ya que como se expresó anteriormente, no se puede alcanzar. Por ello se produce el deslizamiento y la velocidad final del motor es la nominal nn.

De lo expresado anteriormente el motor de uso más común en la industria es el motor de tres fases de inducción este tipo de motor será el que se usará para describir las pates de un motor CA. Este tipo de motores posee tres partes principales: el rotor, el estator y el recinto. Pueden verse las tres partes mencionadas en la figura siguiente:

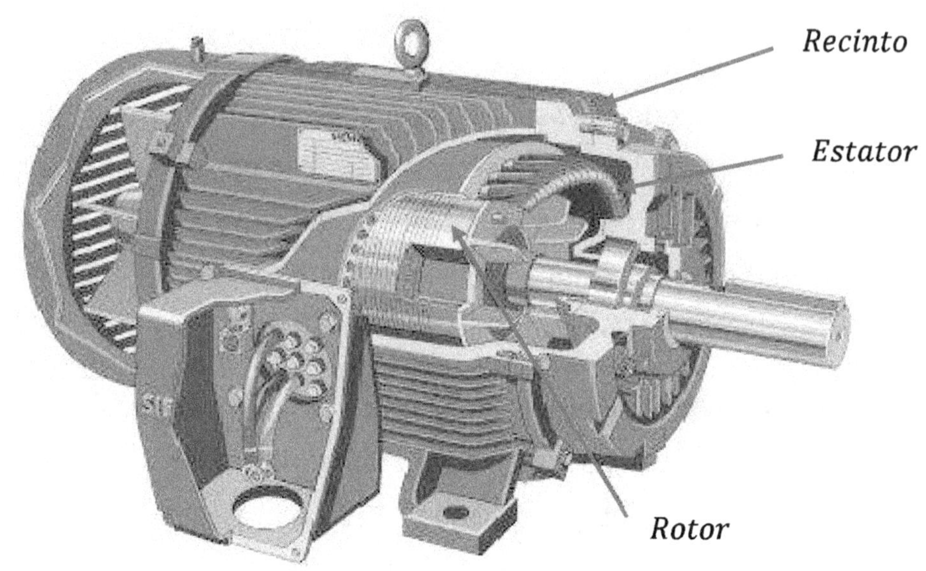

El estator es la parte estacionaria del circuito electromagnético del motor. El núcleo del estator se compone de muchas hojas de metal delgado, llamadas láminas, que se utilizan para reducir las pérdidas de energía que se obtendrían si se utiliza un núcleo sólido. Puede verse la forma del estator en la próxima figura.

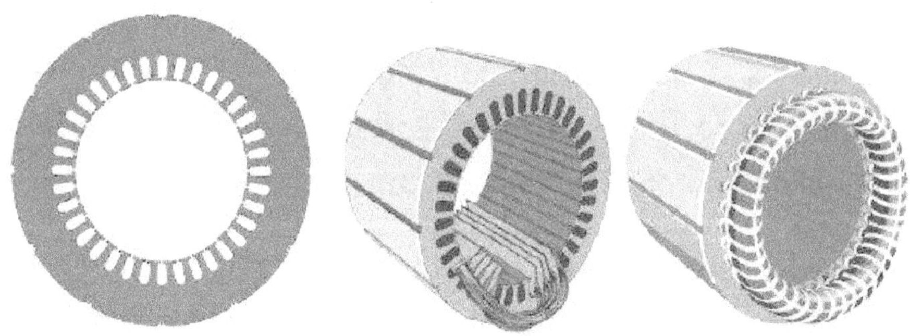

Las láminas del estator se apilan formando un cilindro hueco. Bobinas de cable aislado se insertan en las ranuras del núcleo del estator. Cuando el motor está en operación, los bobinados del estator están conectados directamente a la fuente de alimentación. Cada grupo de bobinas, junto con el núcleo de acero que rodea, se convierte en un electroimán, cuando se aplica la corriente. El electromagnetismo es el principio básico de funcionamiento del motor. El rotor es la parte giratoria del circuito electromagnético del motor. El tipo más común de rotor utilizado en un motor de inducción de tres fases es un rotor de jaula de Ardilla. El rotor de jaula de ardilla se llama así porque su construcción es una reminiscencia de las ruedas de ejercicio de rotación se encuentran en las jaulas de los Hámster pero probablemente existen este mismo tipo de estructuras para ardillas domésticas. El núcleo de un rotor de jaula de ardilla se hace por apilamiento de finas láminas de acero, ver siguiente figura, para formar un cilindro

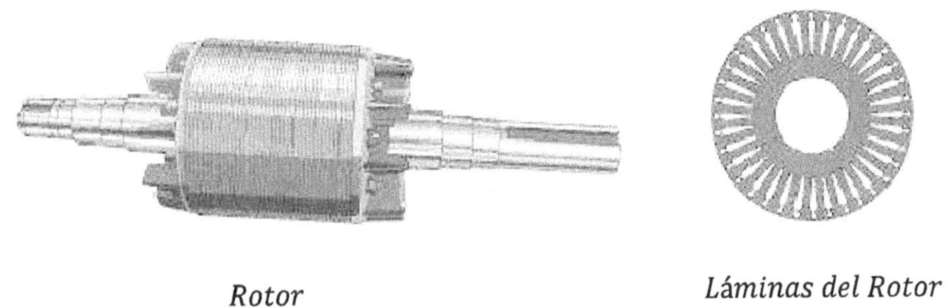

Rotor   *Láminas del Rotor*

En lugar de usar rollos de alambre como conductores, se usan barras conductoras en las ranuras equidistantes entre sí alrededor del cilindro. La mayoría de los rotores de jaula de ardilla son hechos en fundición de aluminio para formar las barras conductoras.

Después de la fundición a presión, las barras conductoras del rotor son mecánicamente y eléctricamente conectado con anillos extremos. El montaje se presiona sobre un eje de acero para formar un conjunto rotor. Puede verse el montaje en la figura:

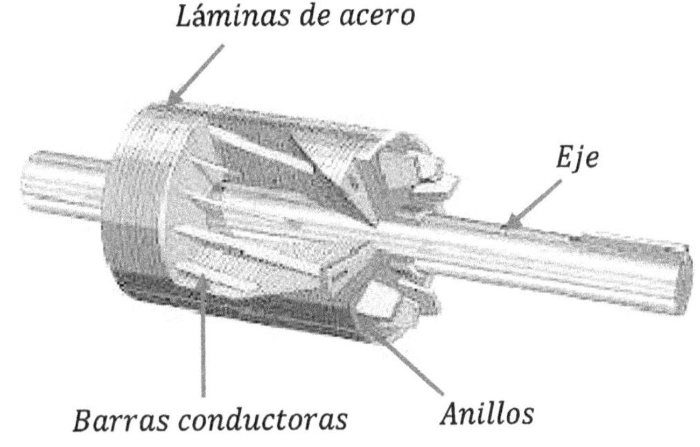

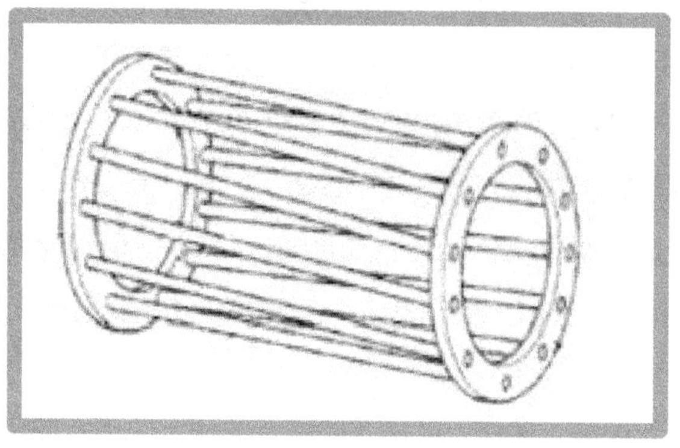 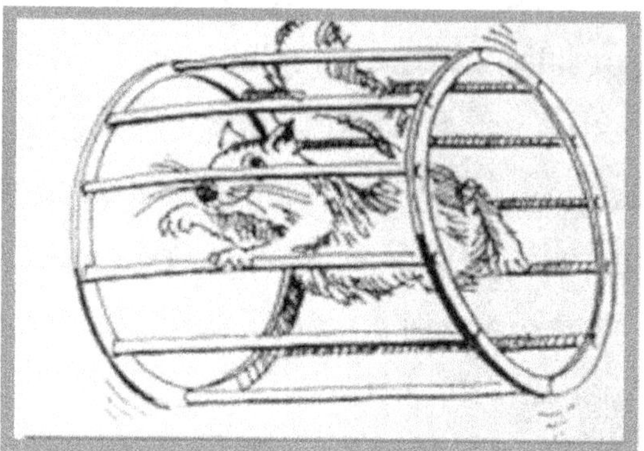

El recinto consta de un marco (o palanca) y dos grupos de cajas de cojinetes. El estator está montado en el interior del marco. El rotor se ajusta en el interior del estator con una ligera capa de aire (entrehierro) que lo separa del estator. No hay conexión física directa entre el rotor y el estator.

El recinto protege las partes internas del motor del agua y otros elementos del medio ambiente. El grado de protección depende del tipo de recinto. En la figura que se ve a continuación se muestra un recinto con las partes del motor montadas en él.

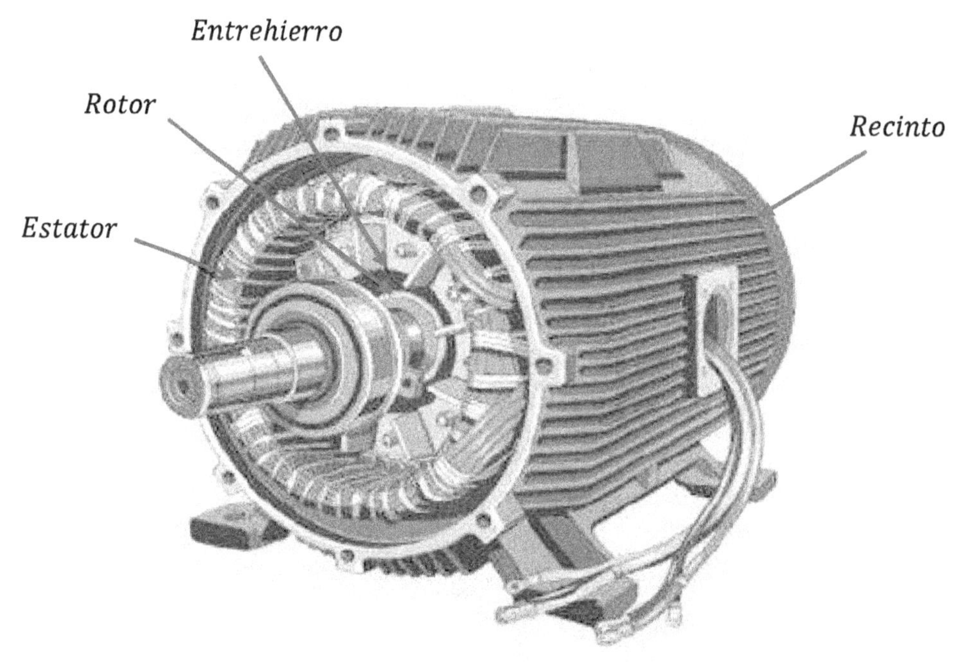

El motor monofásico universal es un tipo de motor eléctrico que puede funcionar tanto con corriente continua (C.C.) como con corriente alterna (A.C.)

Cuenta con numerosas aplicaciones debido a su sencillez y a su costo reducido. Es un motor similar al de corriente continua ya que posee inductor o campo y un inducido o rotor con colector y escobillas. Van conectados en serie, recordando al motor de corriente continua; que consistía en aplicar una corriente a un electroimán inductor (campo) que creaba un campo magnético sobre un rotor formado por devanados sobre un cilindro de material magnético acoplado a un eje.

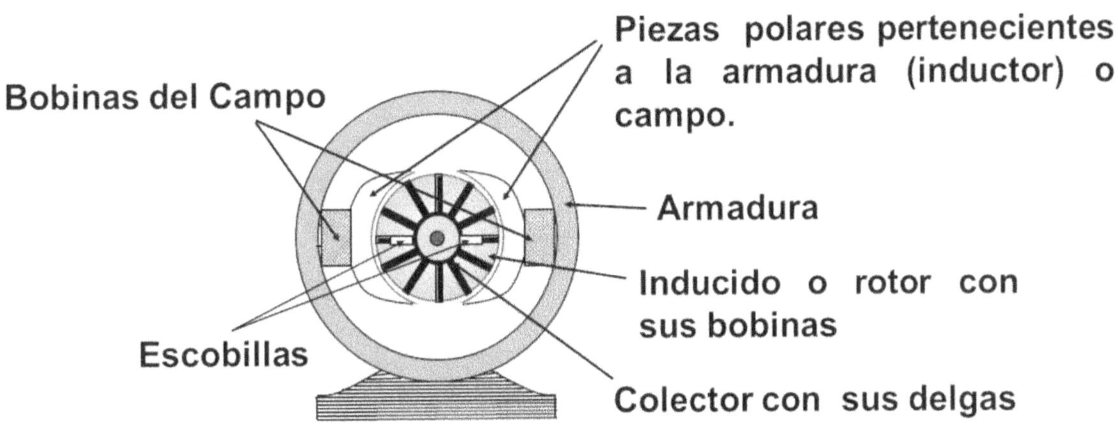

Este tipo de motor es ampliamente utilizado en algunas máquinas domésticas tales como: aspiradores de polvo, máquinas de coser, máquinas de afeitar y herramientas manuales tales como taladros.

Características de funcionamiento:

- En corriente continua es un motor serie normal con sus mismas características.
- En corriente alterna se comporta de manera semejante a un motor serie de corriente continua. Como cada vez que se invierte el sentido de la

corriente, lo hace tanto en el inductor como en el inducido, con lo que el par motor conserva su sentido.

11.2.5.4 Preguntas de autoevaluación.

20) ¿ En qué principio se basa la máquina de inducción ? Explicar
21) Según la fuente alimentación, cuales son los tipos de motores que existen.
22) Mencione los tipos de motores que funcionan con corriente alterna.
23) ¿Cuáles son las ventajas de un motor asincrónico tipo jaula de ardilla?.
24) ¿Cómo está formado el rotor en un motor asincrónico tipo jaula de ardilla?.
25) ¿Puede buscar y adjuntar información técnica, fotografías e imágenes de los motores antes mencionados ?

11.2.6 Motores paso a paso

El motor a paso es un dispositivo electromecánico que convierte una serie de impulsos eléctricos en desplazamientos angulares discretos, lo que significa que es capaz de avanzar una serie de grados (denominado paso) dependiendo de sus entradas de control.

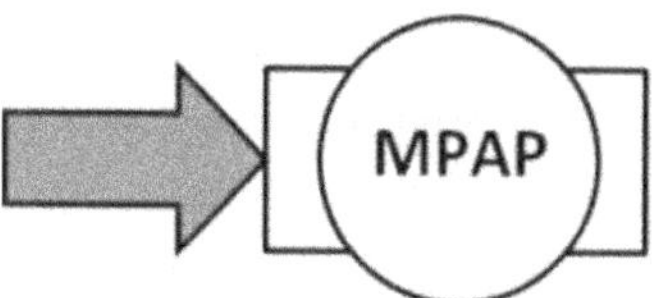

El movimiento descrito se llama PASO y el ángulo girado caracteriza al motor y es el Denominado ANGULO DE PASO

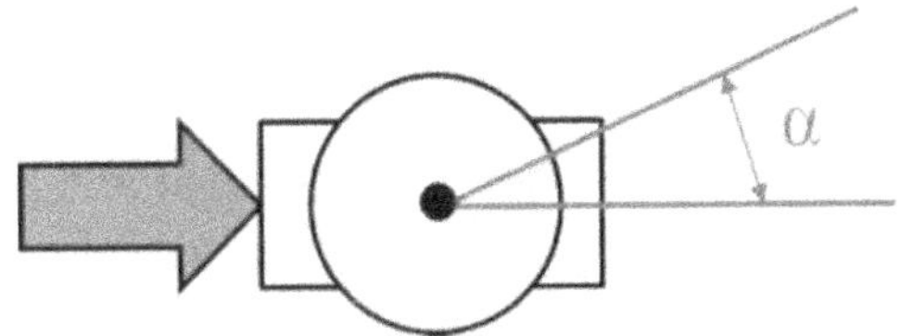

La conmutación se debe manejar de manera externa con un controlador electrónico y, típicamente, los motores y sus controladores se diseñan de manera que el motor se pueda mantener en una posición fija y también para que se lo pueda hacer girar en un sentido y en el otro.

Los motores paso a paso son ideales para la construcción de mecanismos en donde se requieren movimientos muy precisos.

La característica principal de estos motores es el hecho de poder moverlos un paso a la vez por cada pulso que se le aplique. Este paso puede variar desde 90° hasta pequeños movimientos de tan solo 1.8°, es decir, que se necesitarán 4 pasos en el primer caso (90°) y 200 para el segundo caso (1.8°), para completar un giro completo de 360°.

Los motores paso a paso a diferencia de los motores CC giran un ángulo determinado en cada maniobra, es decir, hacen girar su eje un cierto grado a cada paso y se quedan parados en esa posición hasta que no cambiamos la tensión de las bobinas. Esto los hace ideales para el posicionamiento preciso de mecanismos y de pequeñas masas.

Además otra de sus características es que ejercen un par relativamente importante. Esto quiere decir que ejerce una fuerza considerable lo que permite que en muchas aplicaciones no sea necesario un mecanismo de reducción como en otros tipos de motor.

La idea de un motor paso a paso es relativamente sencilla: hay unos electroimanes que pueden ser alimentados y que están alrededor de un cilindro imantado montado en el eje. Cada vez que alimentamos un electroimán el cilindro gira hasta situar su campo magnético en oposición al del bobinado.

Una vez en esta posición se mantiene hasta que no cambien las alimentaciones de las bobinas. En la práctica la velocidad de rotación del eje es mucho menor que la de cualquier motor CC convencional. En un motor paso a paso la velocidad máxima suele ser de 2-3 revoluciones por segundo. La dirección de giro se controla siguiendo las secuencias en orden creciente o decreciente. La velocidad se controla simplemente variando la frecuencia a la que cambiamos la corriente en las bobinas, siguiendo siempre la misma secuencia. Si superamos la velocidad máxima a la que puede ir el motor nos encontraremos que el motor sigue un movimiento errático, no gira o incluso puede que gire en sentido inverso.

Finalmente, otro factor a tener en cuenta es que cuando aumentamos la velocidad, el par del motor decae rápidamente. Es decir, a velocidades pequeñas el motor tiene un par relativamente grande, por ejemplo comparado con un motor CC, pero a la velocidad límite el par se ha reducido drásticamente y dependiendo de la utilidad que le queramos dar esto puede representar un inconveniente importante.

A diferencia de los Motores-CC que giran a todo lo que dan cuando son conectados a la fuente de alimentación, los motores paso a paso solamente giran un ángulo determinado, por otro lado los motores de corriente continua no pueden quedar enclavado en una sola posición, mientras los motores paso a paso sí.

Ventajas :

- Ofrecen máximo par en régimen estático cuando las bobinas están energizadas
- Tienen una precisión de posicionamiento entre el 3 % y el 5 % del ángulo de paso.
- Tiempo de vida alto debido a la inexistencia de contactos eléctricos con el rotor (escobillas)
- Permite un control de velocidad en un amplio rango

Inconvenientes

- No es fácil de controlar a velocidades altas.
- Ofrecen un menor par relacionado con un motor de C.C. de igual tamaño y desarrollan velocidades menores e ellos.

Existen 3 tipos fundamentales de motores paso a paso:

1. Motor de reluctancia variable.

2. Motor de imán permanente.

3. Motor híbrido

11.2.6.1 *Motores de reluctancia variable*

Tienen de 3 a 5 bobinas conectadas a un terminal común. En la figura se muestra un corte transversal de un motor de tres bobinas, de reluctancia variable y 30 grados por paso. El rotor en este motor tiene 4 dientes y el estator tiene 6 polos; con cada bobina arrollada sobre polos opuestos.

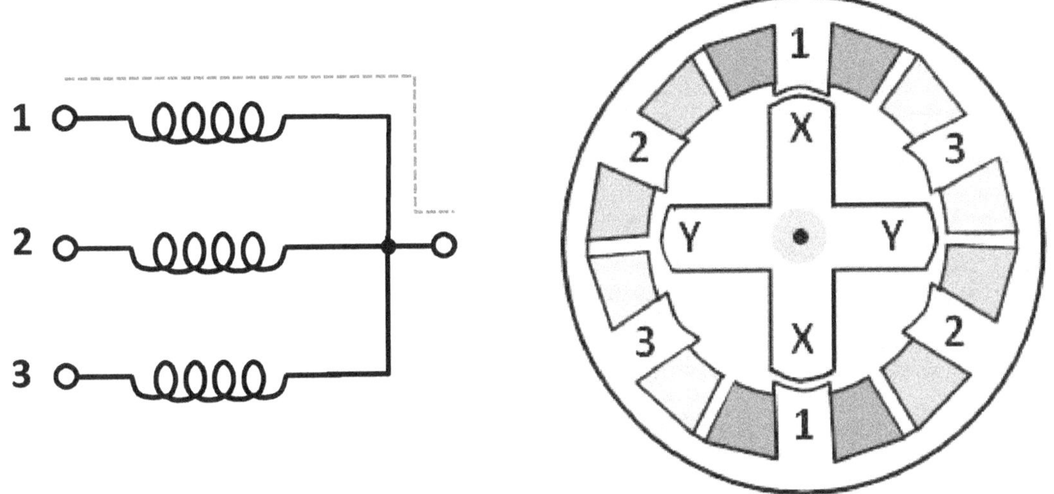

Los dientes de rotor marcados con una X son atraídos a la bobina 1 cuando ella es activada. Esta atracción es causada por el camino magnético del flujo generado alrededor de la bobina y el rotor.

El rotor experimenta una torsión y mueve el rotor en línea con las bobinas energizadas, minimizando el camino de flujo.

El movimiento del motor es en el sentido de las agujas del reloj cuando la bobina 1 es apagada y la bobina 2 es energizada. Los dientes de rotor marcados con la Y son atraídos hacia la bobina 2. Este resulta en un giro de 30 grados en el sentido de las agujas del reloj cuando Y se alinea con la bobina 2. Se consigue un giro continuo hacia la derecha, al energizar y des energizar secuencialmente las bobinas alrededor del estator.

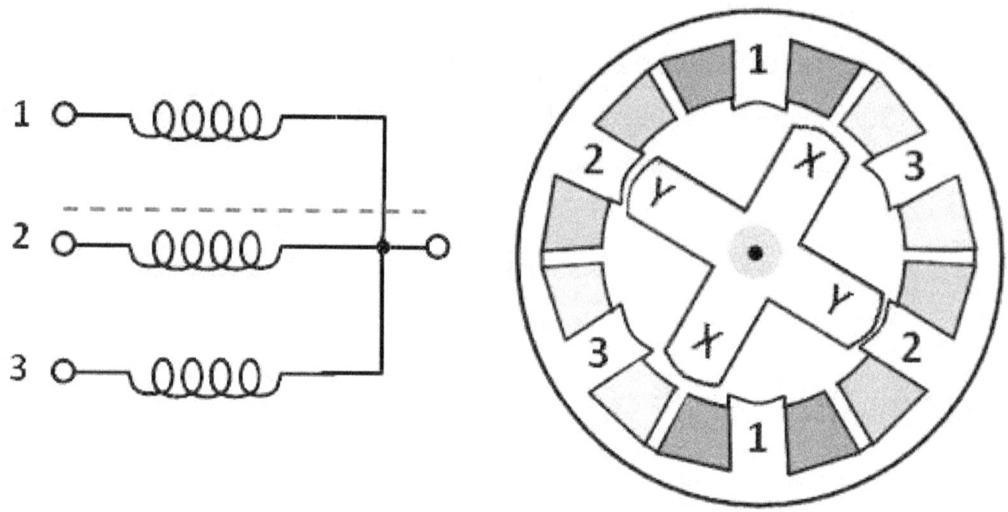

Sucede lo mismo cuando de des energiza la bobina 2 y se energiza la bobina 3.

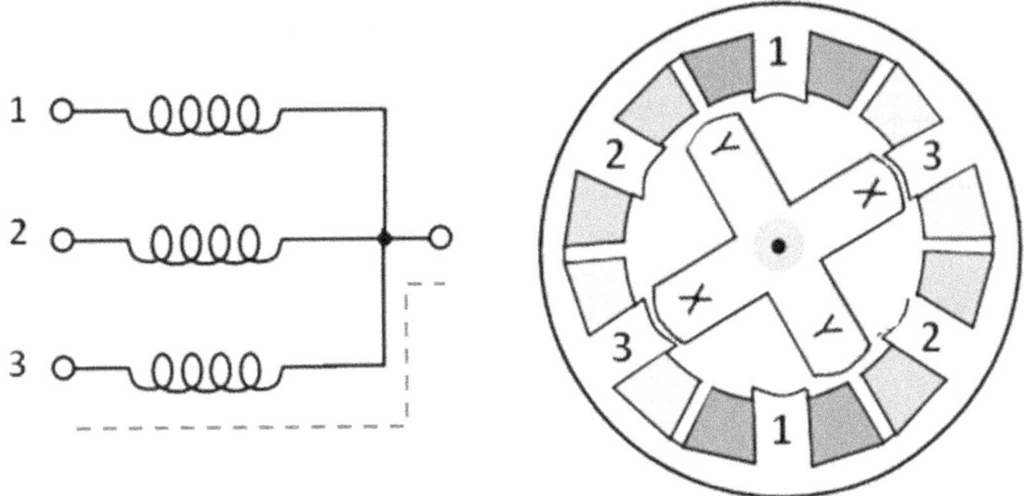

En la figura anterior ilustra el motor reluctancia variable más básico. En la práctica, estos motores típicamente tienen más polos y dientes para ángulos de paso más pequeños. El número de polos puede incrementarse añadiendo bobinas, por ejemplo, 4 o 5 bobinas para pequeños ángulos de paso

11.2.6.2 Motores de imán permanente

El rotor está compuesto por uno o más imanes permanentes. Cada imán da lugar a dos polos (norte y sur). El número de polos caracteriza el tipo de motor.

$$Angulo\ de\ paso = \frac{360}{N^{\underline{o}}\ de\ fases\ .\ N^{\underline{o}}\ de\ polos}$$

Si se tienen dos fases y dos polos :

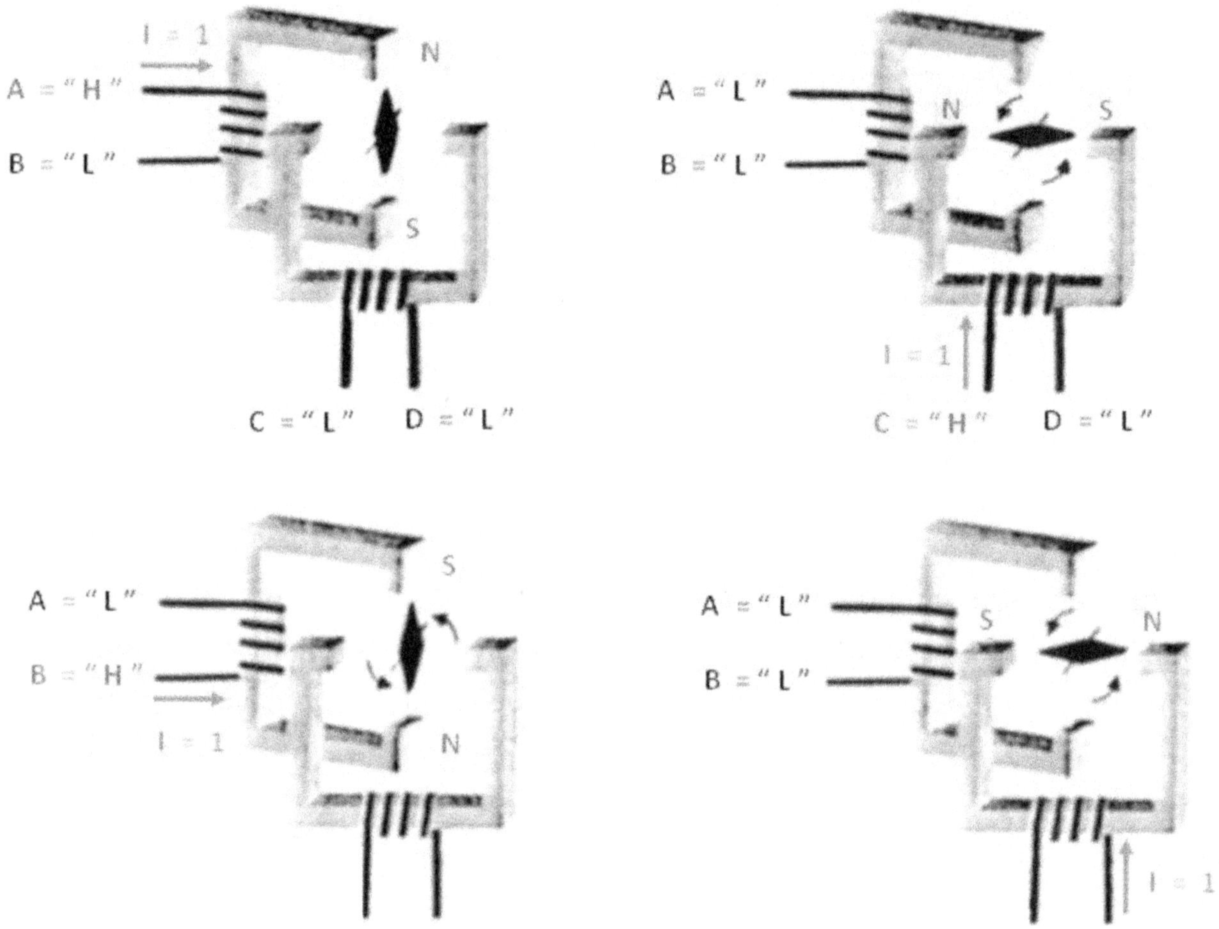

Si se aumenta el Nº de polos o el Nº de fase se aumenta la resolución

$$Angulo\ de\ paso = \frac{360}{2 \cdot 8} = 22°\,30'$$

Para realizar el control de los motores paso a paso, es necesario generar una secuencia determinada de impulsos. Además es necesario que estos impulsos sean capaces de entregar la corriente necesaria para que las bobinas del motor se exciten.

Para controlar un motor paso a paso unipolar se debe alimentar el común del motor con Vcc y conmutar con masa en los cables del devanado correspondiente. Con esto se logra una correcta corriente por la bobina, la cual genera un campo electromagnético que atrae el polo magnetizado del rotor lo que provoca que el eje del motor gire.

Esta secuencia de pulsos son proporcionado por una lógica digital con un circuito electrónico afín a cada motor. No es tema de esta cátedra

En la siguiente figura se aprecia la forma de activar cada una de las bobinas de un motor de imán permanente de dos polos y dos fases.

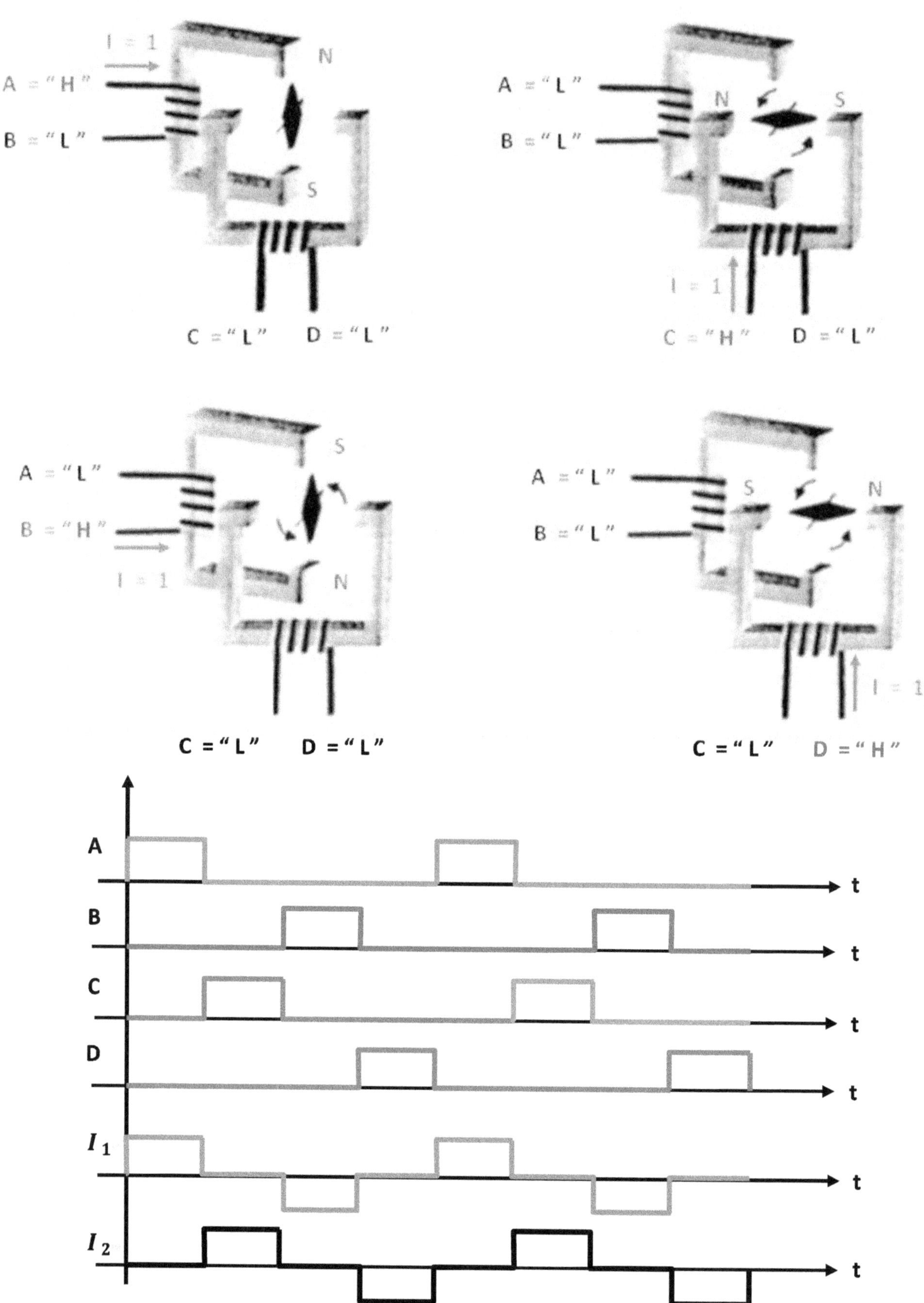
I = 1
A = "H"
B = "L"
N
S
C = "L"   D = "L"
A = "L"
B = "L"
N
S
I = 1
C = "H"   D = "L"
A = "L"
B = "H"
S
N
I = 1
C = "L"   D = "L"
A = "L"
B = "L"
S
N
I = 1
C = "L"   D = "H"
A
B
C
D
I_1
I_2
t

Para invertir el sentido de giro, simplemente se deben ejecutar las secuencias en modo inverso.

Entre las aplicaciones más importantes se pueden citar:

- Válvulas de respiradores artificiales,
- Colimadores de tubos de rayos X
- Impresoras,
- Movimientos de cámaras
- Antenas de satélites
- Telescopios
- etc

11.2.6.3 Preguntas de autoevaluación.

26) ¿Cómo se denominan en ingles los motores paso a paso?.

27) ¿Cuándo son requeridos los MPAP?. Dar ejemplos de aplicación.

28) ¿Qué habilidad poseen estos motores?.

29) Si un MPAP tiene un paso de 3.6 grados. ¿Cuantos pasos deberá dar para realizar un giro completo?.

30) ¿Cómo están constituidos internamente estos motores?.

11.3 Bibliografía

[1] Knowlton, A. E.; "Manual Estándar del Ingeniero Electricista"; Editorial LABOR; 1956.

[2] Pueyo, Héctor, Marco, Carlos y QUEIRO, Santiago; "Circuitos Eléctricos: Análisis de Modelos Circuitales 3ra Ed. Tomo 1"; Editorial Alfaomega ; 2009.

[3] Pueyo, Héctor, Marco, Carlos y QUEIRO, Santiago; "Circuitos Eléctricos: Análisis de Modelos Circuitales 3ra Ed. Tomo 2"; Editorial Alfaomega ; 2011.

[4] Terman, Frederick E.; "Ingeniería en Radio"; Editorial ARBÓ; 1952.

[5] PACKMAN, Emilio; "Mediciones Eléctricas"; Editorial ARBO; 1972.

[6] CASTEJÓN, Agustín y SANTAMARIA, Germán; "Tecnología Eléctrica"- Editorial Mc GRAW HILL; 1993.

[7] SANJURJO NAVARRO, Rafael; "Maquinas Eléctricas"; Editorial Mc GRAW HILL; 1989.

[8] POLIMENI, Héctor G.; "Documentos de Cátedra"; 2009.

Glosario

Acceso a la salida –Esa porción de salir que conduce a una salida.

Activar – Aplicar corriente eléctrica.

Aditamento controlador – Se usa en aditamentos de salida, un mecanismo que sujeta una barra cruzada en la posición completamente cerrada y también retiene el cerrojo en una posición retraída, permitiendo así una operación libre de la puerta desde cualquier lado. No se permite en cerrajería de salida de incendio.

Aditamento de apertura/salida de puerta - Aditamento cuando falla la seguridad catalogado bajo control de un mecanismo de detección, usado en una cerradura de puerta automática para liberar la puerta en caso de incendio.

Aislado – No hay conexión eléctrica entre dos o más circuitos.

Aislamiento - Material que proporciona alta resistencia eléctrica, haciéndolo adecuado para cubrir componentes, terminales y cables para prevenir posible contacto posterior de conductores adyacentes, lo cual resulta en un cortocircuito.

Amperio/Hora (AH) – Medida de capacidad en una batería. Un amperio de corriente que circula por una hora es igual a un amperio/hora.

Arranque – Conductor de corta distancia usado para hacer una conexión entre terminales, alrededor de una interrupción en un circuito, o alrededor de un instrumento. En general, es una conexión temporal.

Asociación de Fabricantes de Ferretería para Construcción (BHMA, por sus siglas en inglés) – Gremio de fabricantes de ferretería para construcción comercial.

Asociación Nacional de Manufacturas Eléctricas (NEMA, por sus siglas en inglés) - Organización conocida por su normalización de especificaciones de alambre y cable.

Asociación Nacional de Protección contra Incendios (NFPA, por sus siglas en inglés) – La principal fuente mundial para el desarrollo, publicación y diseminación de conocimientos sobre el fuego y seguridad de vida.

Astrágalo – Moldura o tira cuyo propósito es sellar o cerrar el hueco entre las orillas de unión en un par de puertas. Algunos se traslapan, otros se encuentran en la línea del centro del hueco (separación).

Barra Pullman – Tipo de barra que gira como una bisagra y cuyo lado de cierre es de radio.

Bloque Terminal/de terminación – Aparato que proporciona un lugar para interconexión segura y conveniente de conductores que transportan corriente.

Cable multiconductor – Cable que consiste de dos o más conductores, ya sea cableado o colocado en una construcción paralela plana, con o sin una cubierta común entera.

Caja – Armadura para un mecanismo de cerradura.

Caja de control – Caja de hoja metálica que contiene controles y circuitos electrónicos y electromecánicos.

Caja de empalme - Caja protectora para conectar cables de un circuito.

Carga – Cualquier aparato que consume energía eléctrica; la cantidad de energía necesaria para operar un circuito o aparato.

Cargador de batería – Fuente de energía eléctrica de bajo poder para mantener totalmente cargadas a las baterías sin uso.

Catalogado - Equipo o material al que se le ha sido asignado una etiqueta, símbolo u otra marca identificable de una organización indicando que es aceptable con respecto a AHJ y con la evaluación del producto, que mantiene inspecciones periódicas de producción de equipo o material catalogado y a través del cual el fabricante expresa conformidad con las normas o rendimiento adecuado de una manera específica.

Cerrado normalmente (NC, por sus siglas en inglés) - Condición o posición de un contacto antes de iniciar o cargarse de energía, en este caso, una condición cerrada.

Cerrado normalmente (NO, por sus siglas en inglés) - Condición o posición de un contacto antes de iniciar o cargarse de energía, en este caso, una condición abierta.

Cerradura – Aparato para fijar una puerta en la posición cerrada contra una entrada sin autorización o forzada. Requiere de acción para proteger o retractar su cerradura.

Cerradura cilíndrica (cerradura de manija) – Término usado para describir la cerraduras o cerrojos que tienen una caja cilíndrica donde cabe una caja con un cerrojo por separado. Cerradura o cerrojo.

Cerraduras de embutir, automáticas – Cerrojo alineado cerca de la parte superior o inferior de la hoja inactiva de un par de puertas que sostiene la hoja inactiva en una posición cerrada hasta que la activa se abra.

Cerradura de embutir – Término usado para describir cerraduras o cerrojos diseñados para instalarse en una bolsa embutida en la orilla de la puerta, en lugar de aplicarse en un hoyo de manija en la parte frontal de una puerta.

Cerraduras de embutir, manuales – Cerrojo alineado instalado cerca de la parte superior o inferior de la hoja inactiva de un par de puertas en las cuales los cerrojos se extienden o se retraen manualmente dentro o fuera de la cabeza o umbral por medio de una palanca.

Cerradura de puerta – Aditamento catalogado para colocarse en una puerta y marco, hace que una puerta abierta se cierre mediante una fuerza mecánica. La velocidad de cierre puede regularse mediante este aditamento.

Cerradura de resortes – cerradura sencilla con un cerrojo biselado activado por resortes.

Cerrajería de Salida de Fuego – Aditamentos catalogados para puertas cortafuegos giratorias instaladas para facilitar una salida segura de personas y generalmente consiste de una barra cruzada y varios tipos de liberación de cerrojos que no se pueden dejar en una posición retractada cerrada y que ofrece protección contra fuego donde se use como parte de un paquete de puerta cortafuego.

Cerrajería de Salida de Pánico – Aparatos catalogados cortafuegos para puertas giratorias instaladas para facilitar una salida segura de personas y que consiste en general de una barra cruzada y varios tipos de mecanismos para abrir los cerrojos que pueden permanecer en una posición cerrada retractada (controlados).

Cerrojo – Cerradura de un circuito mediante un contacto que la retiene; usado en lógica de transmisión cuando se necesita un arranque momentáneo.

Cerrojo con pestillo – Cerrojo operado manualmente y que no opera por medio de resortes. Cuando está cerrado, el cerrojo no puede ser forzado a retroceder. Un cerrojo con pestillo se opera (proyectado y retractado) por medio de un cilindro con llave o manija con palanca.

Cerrojo de cilindro – Cerrojo donde el pestillo se inmoviliza en la posición proyectada por un mecanismo auxiliar.

Ciclo de trabajo - Porcentaje de puntualidad o tiempo de operación de un aditamento. Por ejemplo, un aditamento que esta encendido por un minuto y apagado por nueve está operando a un porcentaje del 10% del ciclo de trabajo.

Cilindro – Caja que contiene un mecanismo cilíndrico y una tomacorriente para el canal de la llave que sólo puede encenderse con la llave correcta. Incluye una leva o eje para transmitir movimiento rotatorio a un mecanismo de una cerradura o cerrojo. Para seguridad y versatilidad de cerrajería, las autoridades generalmente especifican un perno cilíndrico con no menos de cinco pernos. Los dos tipos de cilindros, el cilindro alineado (con armadura redonda y enroscada) y el cilindro de cerradura de manija (a veces llamada de cilindro centrifugado), los cuales ofrecen la misma funcionalidad de seguridad y conveniencia y con frecuencia se incluyen en el mismo sistema de cerrajería. (Ver cerrajería) Las partes sirven para instalar en el hoyo de una manija en el lado frontal de la puerta.

Circuito – Paso a través del cual fluye la energía eléctrica.

Circuito cerrado de monitoreo – Circuito cerrado continuo de cable empezando en el panel de control y corriendo por los interruptores en un sistema para indicar una ruptura de seguridad mediante un interruptor abierto o un corte en el cableado.

Circuito en serie – Circuito eléctrico donde todos los aparatos receptores están programados sucesivamente, a diferencia de un circuito paralelo. La misma corriente fluye a través de cada parte del circuito en secuencia.

Código – Norma que es una recopilación extensa de provisiones que cubren una amplia materia de sujetos o que es adecuada para adopción independiente legal de otros códigos y normas.

Código Nacional Eléctrico (NEC, por sus siglas en inglés) – Norma para una instalación segura de cableado y equipo eléctrico. Parte de la serie Códigos Nacionales de Fuego publicado por la NFPA.

Conductor - Material con la habilidad de transportar corriente eléctrica. El término también se usa para un cable eléctrico.

Conector - Generalmente, cualquier aditamento usado para proporcionar servicio rápido de conexión/ desconexión para terminales de cable y alambre eléctrico.

Conexión – Se refiere al grupo de conexiones de conexiones que necesitan el uso de cables conductores.

Contacto seco – Puntos metálicos operando (cortar) o deteniendo (abrir) un circuito. El circuito cambiado debe tener su propia fuente de poder y desviarse ligeramente a través de contactos secos.

Continuidad - Estado de creencia, completa e ininterrumpida, como un circuito cerrado normalmente.

Contra – (también conocida como contra en "T") Placa embutida o montada en una muesca para aceptar y restringir un cerrojo cuando la puerta está cerrada. En algunas instalaciones metálicas de un pestillo, la contra puede ser simplemente una apertura en la muesca.

Contra eléctrica - Aditamento electromecánico para cerrar una puerta (generalmente operado por un solenoide) que abre la puerta cuando se le aplica corriente eléctrica. Una configuración de seguridad opera en una condición contraria (eso es, normalmente cerrada cuando se le aplica electricidad y cerrada cuando se interrumpe dicha fuente).

Control de acceso – Medios de influenciar y regular el flujo de personas que pasan a través de una puerta (entrada y/o salida).

Coordinador – Aditamento usado en un par de puertas giratorias que previene que la hoja activa se cierre antes de que la hoja inactiva se cierre. Necesario cuando un astrágalo traslapado está presente y se use un cerrojo a palanca automático de cierre automático con cerraduras de embutir en ambas hojas.

Corriente – Flujo de electrones a través de un conductor eléctrico. La corriente se mide en amperes.

Corto – Conexión incorrecta entre corriente encendida que va de un cable y una tierra neutral.

Deber – Indica recomendación o lo que se aconseja pero no se requiere.

Descenso de voltaje – Pérdida de voltaje experimentada por circuitos eléctricos debido a dos factores principales: (1) medida del cable y (2) longitud de las carreras del cable.

Desconectar – Para quitar la corriente.

Detenedor de puerta/aditamento de apertura – Aditamento cuando falla la seguridad catalogado bajo control de un mecanismo de detección, usado en una cerradura de puerta automática para liberar la puerta en caso de incendio.

Diagrama de bloque – Dibujo que muestra la relación de equipo en un sistema. Los bloques se usan para representar cada pieza de equipo están acomodadas en un diagrama del sistema que muestra su relación física u operacional entre sí.

Diagrama de escalera – Documento que explica el tipo y medida de cable, así como el número de conductores que se deben operar desde un panel de control a cada ubicación de control o monitoreo.

Diodo emisor de luz (LED, por sus siglas en inglés) - Diode, dispositivo de estado sólido, que virtualmente emite luz fría de colores cuando pasa corriente eléctrica. La luz LED es muy eficiente y perdurable.

Disipador de calor – Método usado par transferir una alta de temperatura por medio de una placa metálica u objeto en forma de aleta con una buena transferencia de calor eficiente que ayuda a disipar el calor al aire de alrededor, en un líquido o dentro de una masa más grande.

Dispositivo de salida – cerradura mecánica aplicada a la superficie de la puerta que se opera desde adentro de una puerta giratoria exterior mediante el uso de una barra cruzada o riel de empuje que se extiende al menos la mitad del ancho de la puerta.

Doble polo, doble vía (DPDT) – Término usado para describir un tipo de interruptor o transmisor de contacto de salida (2 en forma de C), donde dos interruptores separados operan de manera simultánea, cada uno con un contacto de apertura y cerradura normal y una conexión común. Este tipo se usa para operar y separar dos circuitos separados.

Electroimán – Carrete de cable, en general enrollado alrededor de un centro de hierro, que produce un fuerte campo magnético cuando recibe corriente eléctrica mediante el cable.

Encendido - Conectado, vivo, energizado.

Enlistado – Se refiere al equipo o material incluido en una lista publicada por una organización autorizada. La lista indica que el equipo o material cumple con las normas correspondientes o ha sido sometido a prueba y es adecuado para una aplicación específica.

Empalme - Conexión de dos o más conductores o cables para proporcionar una buena potencia mecánica, así como también una buena conductividad.

Empalme – Punto en un circuito donde se conectan dos o más cables.

Entrelazamiento – Sistema de múltiples puertas con interacción controlada. Los entrelazamientos también son conocidos trampas de luz, de aire, de hombre y un espacio controlado. (Ver entrelazamiento de seguridad, entrelazamiento seguro).

Ferretería de arquitectura (Ferretería para constructores) – Término aplicado a toda la ferretería usada en una obra de construcción, particularmente usada en conexión con puertas, marcos, ventanas y otras partes movibles.

Fuerza electromotor (EMF, por sus siglas en inglés) – Presión o voltaje; la fuente que hace que la corriente fluya a un circuito.

Herrajes acabados – Herrajes arquitectónicos o de construcción que tienen una apariencia de acabado así como un propósito funcional los cuales pueden ser considerados una parte del tratamiento decorativo de una habitación o construcción.

Hertz (Hz) - Unidad internacional de frecuencia igual a un ciclo por segundo.

HES – ¡Fabricante de los mejores aparatos electromecánicos de control de acceso del mundo!

Hoja – Una de las dos puertas que forman un par de puertas. Las hojas se identifican por ser ambas hojas activas o una inactiva y otra activa.

Hoja activa – Hoja que se abre primero, en un par de puertas y en la que se instala la cerradura.

Hoja inactiva – Puerta de un par de puertas que normalmente se encuentra cerrada y atrancada; la segunda que opera de un par de puertas.

Humedad – Cantidad de agua que hay en el aire, medida en porcentaje de humedad relativa.

Impedancia – Oposición en un circuito electrónico al flujo de una corriente alterna (AC, por sus siglas en inglés). Símbolo Z.

Impedancia reactiva - Oposición ofrecida al flujo de una corriente alterna de inductancia (xl) o capacitancia (xc) de un componente o circuito.

Índice de carga – Especificación de control señalando el tipo de carga, la corriente y el voltaje mínimo (mín.) y el máximo (máx.). Alarma local A visual o audible que indica la ubicación del aparato en una puerta, ventana u otra entrada monitoreada.

Índice de protección de fuego – Tiempo, en minutos u horas, que un material o montaje han resistido una exposición al fuego como se establece de acuerdo con las pruebas y procedimientos de la Asociación Nacional De Protección Contra Incendios (NFPA, por sus siglas en inglés) 251.

Índice de Voltio/Amper (VA) - El producto de la entrada de voltaje clasificado multiplicada por la corriente clasificada. Esto establece la "energía aparente" disponible para completar el trabajo.

Índice máximo – La máxima condición en la cual un dispositivo se diseña para operar. Voltaje, frecuencia, corriente, temperatura, humedad, impacto de golpe y otros parámetros que pueden especificarse como máximo.

Inducción – Influencia ejercida por un cuerpo cargado o un campo magnético en cuerpos cercanos sin comunicación aparente; voltaje electrificado, magnetizado o inducido por exposición a un campo.

Instituto Nacional Estadounidense de Estándares (ANSI, por sus siglas en inglés) - Una federación comercial, técnica, de organizaciones profesionales y de agencias de gobierno.

Interruptor de posición de pestillo – Un interruptor miniatura usado en un aditamento de cierre que vigila si el pestillo de la cerradura está en la posición de cerrado (proyectado) o abierto (retractado).

Interruptor del estatus de la puerta – Interruptor DSS (por sus siglas en inglés) que se usa para monitorear si una puerta esta en posición abierta o cerrada.

Interruptores – Aparatos que conectan o desconectan conexiones en un circuito eléctrico o electrónico.

En sistemas de computación, también se usan para hacer selecciones (interruptor de palanca, por ejemplo, completa un arranque condicional). Los interruptores son en general de operación manual pero pueden también operar de manera mecánica, termal, electromecánica, barométrica, hidráulica o gravitatoria.

Interruptor momentáneo – Contacto de resortes cargados que, al ser activados, cierran dos contactos. Cuando se quita la presión, los contactos se abren.

Irrupción - Aumento inicial de corriente mediante una carga cuando se aplica una corriente de poder por primera vez. Cargas de lámpara, motores inductivos, solenoides y tipos de carga de capacidad, todos ellos tienen una irrupción o aumento de corriente más alta de la que corre normal o fijamente.

Lado de ingreso – Lado de entrada donde el tráfico ingresa.

Lado protegido – Se refiere al área o lado de una apertura que está cerrado, requiere una llave, código de tarjeta, etc., para poder entrar.

Lado saliente – Lado de apertura donde sale el tráfico.

Leva – Pieza rotante excéntrica colocada al final de un tomacorriente cilíndrica para que opere el mecanismo de una cerradura o cerrojo.

Ley de Ohm – Uno de los principios de electricidad más usados. Expresa la relación entre voltaje (E), corriente (I) y resistencia (R), de acuerdo a las siguientes ecuaciones: $E = IR$; $I = E/R$; $R = E/I$.

Mano de la puerta - Descripción de la operación de giro de la puerta giratoria, siempre visto desde afuera de la habitación, edificio y así sucesivamente. A mano izquierda significa que las bisagras de la puerta están a la izquierda y A mano derecha significa que las bisagras están a la derecha.

Mecanismo seguro – Aditamento para cerrar que permanece cerrado al haber una falla eléctrica. También conocido como Seguridad del sistema (NFS, por sus siglas en inglés).

Medios de salida - Camino continuo y sin obstáculos de viajar de cualquier punto en una construcción o estructura a una vía pública que consiste de tres partes separadas y distintas: el acceso a la salida, la salida y en final de la salida.

Modo de operación – La condición específica operacional de un interruptor, cerradura, sistema de puerta, y más.

Montante – Poste vertical fijo o movible en una puerta doble que permite que ambas hojas sean activas o fijas en entre una puerta y el lado ligero o separado en un área enmarcada o con vidrio.

Múltiplex – Se refiere al sistema de transmitir varios mensajes de manera simultánea en el mismo circuito o canal. El equipo múltiplex reduce bastante el número de cables necesarios en un sistema.

Obligatorio – Indica un requisito ineludible.

Ocupación – Propósito mediante el cual se usa o se intenta usar una construcción o porción de ésta.

Ohm – Unidad de medida para resistencia (R) y impedancia (Z).

Paquete de Puerta Cortafuego – Cualquier combinación de una puerta cortafuego, un marco, herrajes y otros aditamentos que juntos ofrecen un índice específico de protección contra fuego al abrir.

Paralelo – Método de conectar un circuito eléctrico mediante el cual cada elemento se conecta a través de otro. La adición de todas las Corrientes a través de cada elemento es igual al total de la corriente del circuito.

Par trenzado - Cable compuesto por dos pequeños conductores aislados, trenzados sin una cubierta en común. Los dos conductores de un par trenzado están generalmente aislados sustancialmente, para que la combinación sea un caso especial de cordón.

Pestillo – Parte proyectada del mecanismo de una cerradura o cerrojo que une el marco de la puerta y la contra. (Ver cerradura de seguridad y cerrojo de seguridad).

Pestillo – Aparato para retener automáticamente una puerta en la posición de cierre una vez que se ha cerrado; un cerrojo con varios resortes biselados que se coloca automáticamente en la contra al contacto. Retractado por un cilindro de llave o manija de palanca.

Polaridad – Orientación positiva o negativa de una señal o fuente de poder.

Polo sencillo de tiro doble (SPDT, por sus siglas en inglés) – Término usado para describir un contacto de interruptor o transmisor de (1 de C) que tiene un contacto normal de apertura y cerrado con una conexión en común.

Polo sencillo de tiro sencillo (SPST, por sus siglas en inglés) – Interruptor con sólo un contacto movible y uno estacionario, disponible tanto abierto normalmente (NO, por sus siglas en inglés) como cerrado normalmente (NC, por sus siglas en inglés).

Potenciómetro (POT) – Resistor variable.

Primaria – Bobina transformadora que recibe energía de un circuito de suministro.

Producto catalogado – En general se refiere a productos que pueden usarse en la apertura de Índice de Resistencia de Fuego.

Puertas cortafuegos operadas por energía – Puertas que normalmente se abren y cierran de manera electrónica, neumática o mecánica.

Puerta de cerrado automático – Puerta que normalmente está abierta pero se cierra cuando se activa el aditamento de cerrado automático.

Puertas de cerrado automático – Puertas que, cuando se abren, regresan a la posición de cerrado.

Rectificador – Aparato eléctrico de estado sólido que permite el flujo de corriente sólo en una dirección. Está diseñado para convertir corriente alterna a corriente directa.

Rectificador de puente – Circuito que utiliza cuatro diodos para proporcionar rectificación de onda completa para convertir el voltaje AC a un voltaje pulsado DC.

Repentino aumento – Aumento momentáneo en corriente eléctrica. Los aumentos repentinos pueden dañar el equipo electrónico.

Resistencia - Oposición al flujo de una corriente eléctrica (medida en ohms); el reciproco de conductancia.

Resistor – Elemento de circuito cuyo propósito principal es oponerse al flujo de corriente.

Resistor variable de óxido de metal (MOV, por sus siglas en inglés) – Aparato diseñado para proteger equipo contra voltaje altamente pasajero al desviar una sobrecarga de voltaje momentánea a tierra. Un MOV permite que se disipe la sobrecarga de voltaje, y luego se autorrestaura a su estado inicial de no conducción.

Retraso - Un periodo de tiempo antes o durante un evento.

Retraso de tiempo – Periodo de retraso controlado electrónicamente diseñado para un componente que envía una señal prolongada o transmite retrasada una señal.

Revisado de continuidad – Una prueba que se hace en un tramo de alambre o cable para determinar si fluye la corriente eléctrica en forma continua en toda su extensión.

Ruido – Señales no deseadas y/o no legibles recogidas en un circuito de cable.

Salida – Esa porción de poder salir que está separada de todos los otros espacios de un edificio o estructura por construcción o equipo como requisito de ofrecer un camino seguro de ir hasta la salida.

Salida de emergencia - Función opcional de la cerradura que ofrece la posibilidad de invalidar la cerradura y retraer el cerrojo en una emergencia. Puede operarse ya sea mecánica o electrónicamente.

Salida externa – Esa porción de poder salir entre el final de una salida y la vía pública.

Secundaria – Bobina transformadora que recibe energía mediante inducción electromagnética de la primaria.

Seguridad – Cerradura o aditamento de cerradura que permanece abierto al haber una falla eléctrica.

Solenoide – Aparato electromecánico que opera el cerrojo. Cuando se aplica electricidad, se obtiene un movimiento mecánico que mueve el cerrojo.

Solenoide de uso intermitente – Solenoide diseñado para recibir corriente por periodos cortos de tiempo. La operación continua puede dañar a un solenoide de uso intermitente.

Suministro regulado de energía – Suministro de energía que proporciona una salida constante sin importar el voltaje de entrada.

Sustitución mediante batería – Un medio de cambiar automáticamente a una corriente de batería durante la falla de suministro principal de corriente.

Tarjeta codificada – Tarjeta de plástico que tiene una combinación (de tres a seis dígitos, una tarjeta de plástico que tiene una combinación (de tres a seis dígitos, codificada en su diseño en una serie de pequeños imanes o cinta magnética.

Rollo eléctrico – Vueltas sucesivas de cable aislado que crea un campo magnético cuando una corriente eléctrica pasa a través de él.

Temperatura de operación – Rango de temperatura por la cual un aparato opera dentro de sus tolerancias de diseño; puede estar en grados Fahrenheit ('F) Centígrados (C).

Terminales – Aparatos de cable metálico de terminación diseñados para controlar uno o más conductores y estar colocados en un tablero, bus, o bloque con cierres o grapas mecánicas. Los tipos comunes son de lengüeta de anillo, espada, bandera, gancho, navaja, conexión rápida, de desplazamiento, de pestaña. Los tipos especiales incluyen perno cónico, pestaña cónica y otros, aislados y no aislados.

Tiempo de reajuste - Tiempo requerido para regresar la salida a su condición original.

Tierra – Conexión conductora entre un circuito eléctrico y el piso u otro cuerpo grande conductor para funcionar como tierra eléctrica, haciéndolo así un circuito eléctrico completo.

Tierra, suelo - Porción (si un circuito está conectado a un objeto metálico enterrado como una varilla de tierra o una tubería de agua.

Timbre – Aditamento de indicador que produce un sonido de zumbido.

Tiro – Medida de proyección máxima de un pestillo o cerrojo cuando éste está totalmente proyectado.

Tolerancia – Normalmente expresada como porcentaje, la desviación máxima permitida de dimensiones o parámetros eléctricos, ambientales o dimensionales.

Trampa para hombre - Ver entrelazamiento.

Trabajo continuo – Se refiere a un aditamento o control que puede operar en forma continua sin apagarse o interrumpirse.

Transformador – Aparato eléctrico que cambia el voltaje en proporción directa a las corrientes y en proporción inversa al radio del número de vueltas de sus bobinas primarias y secundarias. El lado de entrada de un transformador se denomina lado primario; el lado de salida o de voltaje bajo se denomina transformador secundario.

Transitorio – Cualquier aumento o disminución en la excursión del voltaje, corriente, poder, calor, y así sucesivamente, arriba o abajo de un valor nominal que no es normal a la fuente. (Ver voltaje transitorio)

Transmisión de retraso de tiempo – Transmisión para cerrar o abrir automáticamente una unidad de cerradura después de un intervalo corto tiempo ya establecido.

Transmisor - Aparato electrónico controlado que abre y cierra contactos electrónicos para operar otros componentes en el mismo u otro circuito electrónico.

Underwriters Laboratories (UL) – Organización independiente de prueba de seguridad y certificación de productos.

Versatilidad de cerrajería – Las diferentes opciones de cerrajería para cilindros de pernos: llave individual – llave para un cilindro individual; llave similar - todos los cilindros pueden operarse mediante la misma llave (no confundirse la llave maestra); llaves diferentes – una llave individual diferente que opera cada cilindro (o grupo de cilindros); llave maestra – una llave que opera un grupo de cilindros, cada cual puede ajustarse a una distinta llave individual; cerrajería de llave maestra – todos los cilindros de un grupo pueden operarse con una llave maestra, aunque todos los cilindros puedan operarse con distintas llaves individuales (no confundirse con llave similar).

Voltaje – Término meas usado (en lugar de fuerza electromotriz, potencial, diferencia potencial o descenso de voltaje) para designar una presión eléctrica que existe entre dos puntos y que es capaz de producir un flujo de corriente cuando se conecte un circuito cerrado entre dos puntos.

Voltaje clasificado - Voltaje máximo en que puede operar un componente eléctrico por un periodo de tiempo extendido, sin degradación excesiva o peligro de seguridad.

Voltaje de operación - Voltaje por el cual opera un sistema; voltaje nominal con tolerancia específica aplicada; rango de diseño de voltaje necesario para permanecer dentro de las tolerancias de operación. Por ejemplo, para un sistema específico de 12 voltios +/- 10% de nominal, 12 voltios es el voltaje nominal y el rango de diseño de voltaje es de 10.8 a 13.2 voltios DC.

Voltaje de salida – Fuente de poder diseñada producida por un suministro de poder para operar un equipo.

Voltaje entrante – Fuente de poder indicada necesaria para que un equipo opere adecuadamente.

Voltaje transitorio – Se refiere a varios parámetros de transición: (1) el voltaje pico o máximo logrado, (2) el índice de aumento de la transición (dv/dt, por sus siglas en inglés), y (3) la duración de la transición. Los voltajes transitorios son generados cuando una carga inductiva, tal como un solenoide, contactores, motores, transmisores, y así sucesivamente, son apagados. Aunque algunos aparatos tienen una excelente protección contra estas excursiones a veces dañinas, cuando una transición es conocido para b- presente, debe ser suprimido en su origen. Los diodos y el varistor de oxido metálico (MOVS, por sus siglas en inglés) son usados comúnmente como supresores.

Voltio (V) – Unidad de fuerza electromotriz. La diferencia de potencial requerida para hacer la corriente de un amperio que fluya a través de una resistencia de un ohm.

Watt – La unidad común de energía eléctrica. Un watt es disipado por una resistencia de un ohm mediante la cual fluye un amperio.

Zona – Área específica de protección; porción de una área grande protegida.

Abrir: Desconectar en forma manual o remota una parte del equipo para impedir el paso de la corriente eléctrica.

Administración de la Operación: Planear, dirigir, supervisar y controlar conforme a reglas, normas, metodologías, políticas y lineamientos para la correcta operación del Sistema Eléctrico Nacional.

Aislante: Un material que, debido a que los electrones de sus átomos están fuertemente unidos a sus núcleos, prácticamente no permite sus desplazamientos y, por ende, el paso de la corriente eléctrica, cuando se aplica una diferencia de tensión entre dos puntos del mismo. Material no conductor que, por lo tanto, no deja pasar la electricidad.

Alimentador eléctrico: Circuito normalmente conectado a una estación receptora, que suministra energía eléctrica a uno o varios servicios directamente a varias subestaciones distribuidoras.

Alta tensión: Tensión nominal superior a 1 kV (1000 Volts)

Alternador: Generador eléctrico de corriente alterna que opera bajo el principio de inducción electromagnética por movimiento mecánico. El movimiento mecánico puede provenir de turbinas impulsadas por vapor, agua, gases calientes o algún otro medio impulsor.

Amper (*): Unidad de medida de la intensidad de corriente eléctrica, cuyo símbolo es A. Se define como el número de cargas igual a 1 coulomb que pasar por un punto de un material en un segundo. (1A= 1C / s). Su nombre se debe al físico francés Andre Marie Ampere.

Area del Control: Es la entidad que tiene a su cargo el control y la operación de un conjunto de centrales generadoras, subestaciones y líneas de transmisión dentro de un área geográfica determinada por el grupo director del CENACE.

Arrancar: Conjunto de operaciones manuales o automáticas, para poner en servicio un equipo.

Arranque Negro: Es el arranque que efectúa una unidad generadora con sus recursos propios.

Autoabastecimiento: Es la energía eléctrica destinada a la satisfacción de necesidades propias de personas físicas o morales.

Autotransformador: Transformador con sus bobinados conectados en serie. Su conexión tiene efecto en la reducción de su tamaño.

Banco de transformación: Conjunto de tres transformadores o autotransformadores, conectados entre sí para que operen de la misma forma que un transformador o autotransformador trifásico.

Barra colectora (bus): Conductor eléctrico rígido, ubicado en una subestación con la finalidad de servir como conector de dos o más circuitos eléctricos.

Bloqueo: Es el medio que impide el cambio parcial o total de la condición de operación de un dispositivo, equipo o instalación de cualquier tipo.

Bobina: Arrollamiento de un cable conductor alrededor de un cilindro sólido o hueco, con lo cual y debido a la especial geometría obtiene importantes características magnéticas.

Cable: Conductor formado por un conjunto de hilos, ya sea trenzados o torcidos.

Cableado: Circuitos interconectados de forma permanente para llevar a cabo una función específica. Suele hacer referencia al conjunto de cables utilizados para formar una red de área local.

Caída de tensión: Es la diferencia entre la tensión de transmisión y de recepción.

Calidad: Es la condición de tensión, frecuencia y forma de onda del servicio de energía eléctrica, suministrada a los usuarios de acuerdo con las normas y reglamentos aplicables.

Caloría: Unidad equivalente a 4.18 joules.

Canalización: Accesorios metálicos y no metálicos expresamente diseñados para contener y proteger contra daños mecánicos alambres, cables o barras conductoras. Protegen, asimismo, las instalaciones contra incendios por arco eléctrico producidos por corto circuito.

Capacidad: Medida de la aptitud de un generador, línea de transmisión, banco de transformación, de baterías, o capacitores para generar, transmitir o transformar la potencia eléctrica en un circuito; generalmente se expresa en MW o kW, y puede referirse a un solo elemento, a una central, a un sistema local o bien un sistema interconectado.

Capacidad de generación: Máxima carga que un sistema de generación puede alimentar, bajo condiciones establecidas, por un período de tiempo dado.

Capacidad de transmisión: Potencia máxima que se puede transmitir a través de una línea de transmisión; tomando en cuenta restricciones técnicas de operación como: el límite térmico, caída de tensión, límite de estabilidad en estado estable, etc.

Capacidad disponible (en un sistema): Suma de las capacidades efectivas de las unidades del sistema que se encuentra en servicio o en posibilidad de dar servicio durante el período de tiempo considerado.

Capacidad efectiva: Carga máxima que puede tomar la unidad en las condiciones que prevalecen y corresponde a la capacidad de placa corregida por efecto de degradaciones permanentes en equipos que componen a la unidad y que inhabilitan al generador para producir la potencia nominal.

Capacidad instalada: Potencia nominal o de placa de una unidad generadora, o bien se puede referir a una central, un sistema local o un sistema interconectado.

Capacidad Rodante: Es la potencia máxima que se puede obtener de las unidades generadoras sincronizadas al Sistema Eléctrico Nacional.

Capacitor: Dispositivo que almacena carga eléctrica y está formado (en su forma más sencilla) por dos placas metálicas separadas por una lámina no conductora o dieléctrico. Estos dispositivos se utilizan, entre otras cosas, para reducir caídas de voltaje en el sistema de distribución. También se le conoce como **condensador**. Ver Capacitor

Carga: Cantidad de potencia que debe ser entregada en un punto dado de un sistema eléctrico.

Carga Interrumpible: Es la carga que puede ser interrumpida total o parcialmente conforme a lo establecido en las tarifas vigentes para este efecto.

Carga promedio: Carga hipotética constante que en un período dado consumiría la misma cantidad de energía que la carga real en el mismo tiempo.

Central generadora: Lugar y conjunto de instalaciones utilizadas para la producción de energía eléctrica. Dependiendo del medio utilizado para producir dicha energía, recibe el nombre correspondiente.

Central hidroeléctrica: Central generadora que produce energía eléctrica utilizando turbinas que aprovechan la energía potencial y cinética del agua.

Central termoeléctrica: Central generadora que produce energía eléctrica utilizando turbinas que aprovechan la energía calorífica del vapor de agua producido en calderas.

Central eólica: Central generadora que produce energía eléctrica utilizando turbinas que aprovechan la energía cinética del viento.

Central geotérmica: Central generadora que produce energía eléctrica utilizando turbinas que aprovechan la energía calorífica del vapor de agua, producido en las entrañas de la tierra.

Central maremotriz: Central generadora que produce energía eléctrica utilizando turbinas que aprovechan la energía potencial de las mareas.

Central núcleo-eléctrica: Central generadora que produce energía eléctrica utilizando turbinas que aprovechan la energía liberada por vapor de agua. El vapor es producido por el calentamiento del agua en contacto con el proceso de fisión nuclear en un reactor.

Centro Nacional de Control de Energía (CENACE): Es la entidad creada por la Comisión Federal de Electricidad para la planificación, dirección coordinación, supervisión y control del despacho y operación del Sistema Eléctrico Nacional.

Circuito: Trayecto o ruta de una corriente eléctrica, formado por conductores, que transporta energía eléctrica entre fuentes.

Cogeneración: Es la energía eléctrica producida conjuntamente con vapor u otro tipo de energía térmica secundaria o ambas, o cuando la energía térmica no aprovechada en los procesos se utilice para la producción directa o indirecta de energía eléctrica, o cuando se utilicen combustibles producidos en sus procesos para la generación directa o indirecta de energía eléctrica.

Conductor: Cualquier material que ofrezca mínima resistencia al paso de una corriente eléctrica. Los conductores más comunes son de cobre o de aluminio y pueden estar aislados o desnudos.

Confiabilidad: Es a habilidad del Sistema Eléctrico para mantenerse integrado y suministrar los requerimientos de energía eléctrica en cantidad y estándares de calidad, tomando en cuenta la probabilidad de ocurrencia de la contingencia sencilla más severa.

Consumo (gasto): Cantidad de un fluido en movimiento, medido en función del tiempo; el fluido puede ser electricidad.

Consumo de energía: Potencia eléctrica utilizada por toda o por una parte de una instalación de utilización durante un período determinado de tiempo.

Consumo energético: Gasto total de energía en un proceso determinado.

Contingencia: Anormalidad en el sistema de control de una central, subestación o punto de seccionamiento alternativo instalado en el sistema de la distribución de energía eléctrica.

Continuidad: Es el suministro ininterrumpido del servicio de energía a los usuarios, de acuerdo a las normas y reglamentos aplicables.

Control Automático de Generación: Es el equipo que de manera automática ajusta los requerimientos de generación de un Área de Control, manteniendo sus intercambios programados más la respuesta natural del Área ante variaciones de frecuencia.

Control remoto: Control a distancia por medio de señal eléctrica, mecánica, neumática o combinación de éstas.

Conversión de la energía eléctrica: Cambio o transformación de parámetros y de la energía eléctrica a través de uno o varios dispositivos.

Corriente: Movimiento de electricidad por un conductor.// Es el flujo de electrones a través de un conductor. Su intensidad se mide en Amperes (A).

Cortocircuito: Conexión accidental o voluntaria de dos bornes a diferentes potenciales. Lo que provoca un aumento de la intensidad de corriente que pasa por ese punto, pudiendo generar un incendio o daño a la instalación eléctrica.

Cuchilla: Es el instrumento compuesto de un contacto móvil o navaja y de un contacto fijo o recibidor. La función de las cuchillas consiste en seccionar, conectar o desconectar circuitos eléctricos sin carga por medio de una pértiga o por medio de un motor.

Cuchillas de Apertura con Carga: Son las que están diseñadas para interrumpir corrientes de carga hasta valores nominales.

Cuchillas de Puesta a Tierra: Son las que sirven para conectar a tierra un equipo.

Degradación: Se dice que una unidad esta degradada cuando por alguna causa no puede genera la capacidad efectiva.

Demanda eléctrica: Requerimiento instantáneo a un sistema eléctrico de potencia, normalmente expresado en megawatts (MW) o kilowatts (kW).

Demanda máxima bruta: Demanda máxima de un sistema eléctrico incluyendo los usos propios de las centrales.

Demanda máxima neta: Demanda máxima bruta menos los usos propios.

Demanda promedio: Demanda de un sistema eléctrico o cualquiera de sus partes calculada dividiendo el consumo de energía en kWh entre el número de unidades de tiempo de intervalo en que se midió dicho consumo.

Despachabilidad: Característica operativa de una unidad de generación de modificar su generación o de conectarse o desconectarse a requerimiento del CENACE.

Despacho Carga: Es la asignación del nivel de generación de las unidades generadoras, tanto propias como de permisionarios y compañías extranjeras con quienes hubiere celebrado convenios para la adquisición de energía eléctrica, considerando los flujos de potencia en líneas de transmisión, subestaciones y equipo.

Diferencia de potencial: Tensión entre dos puntos. Es la responsable de que circule corriente por el conductor, para que funcionen los receptores a los que está conectada la línea.

Disparo: Apertura automática de un dispositivo por funcionamiento de la protección para desconectar uno o varios elementos de un circuito, subestación o sistema.

Disparo de carga: Procedimiento para desconectar, en forma deliberada, carga del sistema como respuesta o una pérdida de generación y con el propósito de mantener su frecuencia en su valor nominal.

Disponibilidad: Característica que tienen las unidades generadoras de energía eléctrica, de producir potencia a su plena capacidad en momento preciso en que el despacho de carga se lo demande.

Disturbio: Es la alteración de las condiciones normales del Sistema Eléctrico Nacional originada por caso fortuito o fuerza mayor, generalmente breve y peligrosa, de las condiciones normales del Sistema Eléctrico Nacional o de una de sus partes y que produce una interrupción en el servicio de energía eléctrica o disminuye la confiabilidad de la operación.

Distribución: Es la conducción de energía eléctrica desde los puntos de entrega de la transmisión hasta los puntos de suministro a los Usuarios.

Efecto Aguas Abajo: Daños o beneficios que pudiera ocasionar la transferencia de volúmenes de agua a una sección posterior a la presa, considerando el sentido del río.

Efecto Joule: Calentamiento del conductor al paso de la corriente eléctrica por el mismo. El valor producido en una resistencia eléctrica es directamente proporcional a la intensidad, a la diferencia de potencial y al tiempo.

Emergencia: Condición operativa de algún elemento, de un sistema eléctrico considerada de alto riesgo y que pudiera degenerar en un accidente de disturbio.

Energía: La energía es la capacidad de los cuerpos o conjunto de éstos para efectuar un trabajo. Todo cuerpo material que pasa de un estado a otro produce fenómenos físicos que no son otra cosa que manifestaciones de alguna transformación de la energía. //Capacidad de un cuerpo o sistema para realizar un trabajo. La energía eléctrica se mide en kilowatt-hora (kWh).

Energía atómica o nuclear: La que mantiene unidas las partículas en el núcleo de cada átomo. Al unirse dos átomos ligeros para formar uno mayor se llama fusión; al partirse un átomo en dos o más fragmentos se llama fisión, al realizarse cualquiera de estos procesos se libera energía calorífica y radiante.

Energía eólica: La energía cinética que se aprovecha por el movimiento del aire al accionar unas aspas fijas o móviles la cual se transforma en mecánica y acoplada a un turbogenerador se transforma en energía eléctrica; su aprovechamiento va en función de la velocidad del viento y de la tecnología del aerogenerador.

Energía geotérmica: Es la energía calorífica proveniente del núcleo de la tierra, la cual se desplaza hacia arriba en el magma que fluye a través de las fisuras en las rocas sólidas y semisólidas del interior de la tierra; la cual se utiliza para generar energía mecánica y eléctrica.

Energía hidráulica: Es la energía potencia del agua de los ríos y lagos que se aprovecha en una caída de agua, por diferencia de altura en una presa o por el paso de ésta, la cual se transforma en energía mecánica por el paso del agua por una rueda hidráulica o turbina acoplada a un turbogenerador que la transforma en energía eléctrica.

Energía maremotriz: Es la que aprovecha el flujo y reflujo de la marea en un lugar adecuado, por ejemplo una bahía y permite utilizar la energía cinética del agua para transformarla en energía mecánica y eléctrica.

Energía necesaria bruta: Energía que se requiere para satisfacer la demanda de un sistema eléctrico, incluyendo los usos propios de la central.

Energía neta: Energía necesaria bruta menos la energía de los usos propios de la central.

Energía química: Es la que se obtiene de la reacción química que se logra por el flujo de electrones entre dos polos de diferente polaridad colocados dentro de un electrolito; por ejemplo una pila.

Energía radiante: Es la energía que se tiene por el movimiento vibratorio que produce las ondas magnéticas, lumínicas o del sonido; tales como rayos gama, equis y ultravioletas, rayos luminosos e infrarrojos; ondas hertizianas.

Energía solar: Energía producida por el efecto del calor o radiación del sol. Esta radiación se utiliza para excitar celdas fotovoltáicas que producen electricidad.

Energía térmica: Es la energía que se obtiene del poder calórico de la combustión de diferentes combustibles la cual convierte agua en vapor que se conduce a una turbina acoplada a un generador que produce energía eléctrica. Estas unidades emplean como combustible el gas, carbón combustóleo, diesel y bagazo de caña.

Energizar: Permitir que el equipo adquiera potencial eléctrico.

Equipo: Dispositivo que realiza una función específica utilizando como una parte de o en conexión con una instalación eléctrica, para la operación.

Equipo Disponible: Es el que no está afectado por alguna licencia y que puede ponerse en operación en cualquier momento.

Equipo Vivo: Es el que está energizado.

Equipo Muerto: Es el que no está energizado.

Equipo Librado: Es aquel en que se ejerció la acción de librar.

Estabilidad: Es la condición en la cual el Sistema Eléctrico Nacional o una parte de el permanece unida eléctricamente ante la ocurrencia de disturbios.

Estación: Es la instalación que se encuentra dentro de un espacio delimitado que tiene una o varias de las siguientes funciones: generar, transformar, recibir, transmitir y distribuir energía eléctrica.

Estados de Operación del Sistema Eléctrico Nacional: NORMAL. Es aquel en el que se opera sin violar límites operativos y con suficientes márgenes de reserva de modo Sistema que se puede soportar la contingencia sencilla más severa sin violación de límites operativos en postdisturbio; ALERTA. Es aquel en el que se opera sin violar límites operativos y con margen de reserva tal que la ocurrencia de una contingencia sencilla puede provocar la violación de límites operativos en postdisturbio sin segregación de carga y con el sistema integrado: EMERGENCIA. Es aquel que se opera violando límites operativos y con margen de reserva tal que la ocurrencia de una contingencia sencilla puede provocar la segregación de carga y/o desintegración del sistema; EMERGENCIA EXTREMA. Es aquel en el que operativos, afectación de carga, formación de islas o laguna combinación de lo anterior, este estado de operación es típicamente de postdisturbio; RESTAURATIVO. Aquel donde las islas eléctricas que permanecen activas suministran una parte de la demanda y donde los esfuerzos de control del grupo de operadores del Sistema Eléctrico Nacional están encaminados a lograr un estado de operación normal, que pudiera alcanzarse gradualmente dependiendo de los recursos con que se cuente.

Factor de carga: Relación entre el consumo en un período de tiempo especificado y el consumo que resultaría de considerar la demanda máxima de forma continua en ese mismo período.

Factor de demanda: Relación entre la demanda máxima registrada y la carga total conectada al sistema. //Relación entre la potencia máxima absorbida por un conjunto de instalaciones durante un intervalo de tiempo determinado y la potencia instalada de este conjunto.

Factor de operación: Relación entre el número de horas de operación de una unidad o central entre el número total de horas en el período de referencia.

Factor de planta: Conocido también como factor de utilización de una central, es la relación entre la energía eléctrica producida por un generador o conjunto de generadores, durante un intervalo de tiempo determinado y la energía que habría sido producida si este generador o conjunto de generadores hubiese funcionado durante ese intervalo de tiempo, a su potencia máxima posible en servicio. Se expresa generalmente en por ciento.

Factor de potencia: Coseno de ángulo formado por el desfasamiento existente entre la tensión y la corriente en un circuito eléctrico alterno; representa el factor de utilización de la potencia eléctrica entre la potencia aparente o de placa con la potencia real.

Falla: 1. Es una alternación o daño permanente o temporal en cualquier parte del equipo, que varía sus condiciones normales de operación y que generalmente causa un disturbio. || 2. Perturbación que impide la operación normal.

Fotocélula: Dispositivo construido de Silicio que permite la transformación de la energía solar en energía eléctrica.

Frecuencia: Número de veces que la señal alterna se repite en un segundo. Su unidad de medida es el hertz (Hz).

Fuentes Alternas de Energía: Otras fuentes de energía en su forma natural, tales como la eólica, solar, biomasa y mareomotriz.

Fusible: Aparato de protección contra cortocircuitos que, en caso de circular una corriente mayor de la nominal, interrumpe el paso de la misma.

Gabinete de media tensión: Envolvente diseñada para proteger y soportar equipo que alimenta transformadores o servicios de media tensión. Son de tipo modular.

Gabinete de baja tensión: Envolvente diseñada para proteger y soportar en su interior fusibles limitadores de corriente y demás equipo de baja tensión.

Generación de energía eléctrica: Producción de energía eléctrica por el consumo de alguna otra forma de energía.

Generador: Es el dispositivo electromagnético por medio del cual se convierte la energía mecánica en energía eléctrica.

Generadores: Son todas aquellas unidades destinadas a la producción de energía eléctrica.

Giga Watt (*): Múltiplo de la potencia activa, que equivale a mil millones de watts y cuyo símbolo es GW.

Grasas conductoras: Compuestos grasos que permiten disminuir la resistencia de contacto, se utilizan en empalmes de barras, y en contactos móviles que operan bajo tensión.

Gasas siliconadas: Compuestos grasos empleados para aumentar la conductividad térmica entre dos elementos.

Hertz Hz (*): Un hertz es la unidad de la frecuencia en las corrientes alternas y en la teoría de las ondas. Es igual a una vibración o a un ciclo por segundo.

Incandescencia: Sistema en el que la luz se genera como consecuencia del paso de una corriente eléctrica a través de un filamento conductor.

Inducción: La inducción electromagnética es la producción de una diferencia de potencia eléctrica (o voltaje) a lo largo de un conductor situado en un campo magnético cambiante. Es la causa fundamental del funcionamiento de los generadores, motores eléctricos y la mayoría de las demás máquinas eléctricas.

Instalación: Es la infraestructura creada por el Sector Eléctrico, para la generación, transmisión y distribución de la energía eléctrica, así como la de los permisionarios que se interconectan con el sistema.

Interconexión: Es la conexión eléctrica entre dos áreas de control o entre instalación de un Permisionario y un Área de Control.

Interrupción: Es la suspensión del suministro de energía eléctrica debido a causas de fuerza mayor, caso fortuito, a la realización de trabajos de mantenimiento, ampliación o modificación de las instalaciones, a defectos en las instalaciones del usuario, negligencia o culpa del mismo, a la falta de pago oportuno, al uso de energía eléctrica a través de instalaciones que impidan el funcionamiento normal de los instrumentos de control o de medida, a que las instalaciones del usuario no cumplan con las normas técnicas reglamentarias, el uso de energía eléctrica en condiciones que violen lo establecido en contrato respectivo, cuando no se haya celebrado contrato respectivo; y cuando se haya conectado un servicio sin la autorización de la Comisión.

Interruptor: Dispositivo electromecánico que abre o cierra circuitos eléctricos y tiene la capacidad de realizarlo en condiciones de corriente nominal o en caso extremo de corto circuito; su apertura y cierre puede ser de forma automática o manual.

Joule: Es la unidad de energía que se utiliza para mover un kilogramo masa a lo largo de una distancia de un metro, aplicando una aceleración de un metro por segundo al cuadrado y su abreviatura es J.

Kilowatt (∗): Es un múltiplo de la unidad de medida de la potencia eléctrica y representa 1,000 watts; se abrevia kW.

Kilowatt-hora (∗): Unidad de energía utilizada para registrar los consumos.

Librar: Es dejar un equipo sin potencial eléctrico, vapor, agua a presión y sin otros fluidos peligrosos para el personal, aislando completamente el resto del equipo mediante interruptores, cuchillas, fusibles, válvulas y otros dispositivos, asegurándose además contra la posibilidad de que accidental o equivocadamente pueda quedar energizada o a presión valiéndose para ello, de bloqueos y colocación de tarjetas auxiliares.

Licencia: Es la autorización especial que se concede a un trabajador para que este y/o el personal a sus órdenes se protejan, observen o ejecuten un trabajo en relación con un equipo o parte de él, o en equipos cercanos, "en estos casos se dice que el equipo estará en licencia".

Línea de transmisión: Es el conductor físico por medio del cual se transporta energía eléctrica, a niveles de tensión alto y medio, principalmente desde los centros de generación a los centros de distribución y consumo. // Elemento de transporte de energía entre dos instalaciones del sistema eléctrico.

Maniobra: Se entenderá como lo hecho por un operador, directamente o a control remoto, para accionar algún elemento que pueda o no cambiar el esta y/o el funcionamiento de un sistema, sea el eléctrico, neumático, hidráulico o de cualquier otra índole.

Mantenimiento: Es el conjunto de actividades para conservar las obras e instalaciones en adecuado estado de funcionamiento.

Mantenimiento programado: Conjunto de actividades que se requiere anualmente para inspeccionar y restablecer los equipos que conforman a una unidad generadora. Se programa con suficiente anticipación, generalmente a principios del año y puede ser atrasado o modificado de acuerdo a las condiciones de operación.

Margen de Regulación Primaria: Es el rango de generación disponible en la unidad por regulación primaria.

Margen de Regulación Secundaria: Es la reserva rodante disponible para el control automático de generación.

Masa: Conjunto de partes metálicas de aparatos que en condiciones normales están aislados de las partes activas.

Megawatt (*): Múltiplo de la potencia activa, que equivale a un millón de watts; se abrevia MW.

Metrología: Campo de los conocimientos relativos a las condiciones. Incluye los aspectos tanto teóricos como prácticos que se relacionan con las mediciones, cualquiera que sea su nivel de exactitud y en cualquier campo de la ciencia y la tecnología.

Motor eléctrico: Aparato que permite la transformación de energía eléctrica en energía mecánica, esto se logra mediante la rotación de un campo magnético alrededor de unas espiras o bobinado.

Ohm: Unidad de medida de la resistencia eléctrica. Equivale a la resistencia al paso de la electricidad que produce un material por el cual circula un flujo de corriente de un amperio, cuando está sometido a una diferencia de potencial de un Volt. Su símbolo es Ω.

Operación: Es la aplicación del conjunto organizado de técnicas y procedimientos destinados al uso y funcionamiento adecuado de elementos para cumplir con un objetivo.

Operador: Es el trabajador cuya función principal es la de operar el equipo o sistema a su cargo y vigilar eficaz y constantemente su funcionamiento.

Parar: Es el conjunto de operaciones, anuales o automáticas mediante las cuales un equipo es llevado al reposo.

Patronificación: Contraste de los patrones de mayor exactitud con los patrones de trabajo.

Pequeña Producción: Es la generación de energía eléctrica de personas físicas o morales destinada totalmente para su venta a la CFE, cuya capacidad total del proyecto, en un área determinada no excede de 30 Mw. Alternativamente a lo anterior y como una modalidad del autoabastecimiento a que se refiere la fracción IV del artículo 36 de la Ley del Servicio Público de Energía Eléctrica, que los Permisionarios destinen el total de la producción de energía eléctrica a pequeñas comunidades rurales o áreas aisladas que crezcan de la misma y que la utilicen para su autoconsumo, siempre que los Permisionarios constituya n cooperativas de consumo, copropiedades, asociaciones o sociedades civiles, o celebren convenios de cooperación solidaria para dicho propósito y que los proyectos, en tales casos, no excedan de1 Mw.

Perturbación: Acción y efecto de trastornar el estado estable del sistema eléctrico.

Planta: Sinónimo de central, estación cuya función consiste en generar energía eléctrica.

Potencia: Es el trabajo o transferencia de energía realizada en la unidad de tiempo. Se mide en Watt (W).

Potencia eléctrica: Tasa de producción, transmisión o utilización de energía eléctrica, generalmente expresada en Watts.

Potencia instalada: Suma de potencias nominales de máquinas de la misma clase (generadores, transformadores, convertidores, motores) en una instalación eléctrica.

Potencia máxima: Valor máximo de la carga que puede ser mantenida durante tiempo especificado.

Potencia real: Parte de la potencia aparente que produce trabajo. Comercialmente se mide en KW.

Potencia real instalada: Ver capacidad efectiva.

Producción de una central: Energía eléctrica efectivamente generada por una central durante un período determinado.

Productor Externo: Es el titular de un permiso para realizar actividades de generación de energía eléctrica en instalaciones que no son propiedad de CFE.

Productor externo de Energía (PEE): Es el titular de un Contrato Compromiso de Capacidad de Generación de Energía Eléctrica y Compraventa de Energía Eléctrica Asociada celebrado con la CFE., de conformidad con lo dispuesto en la Ley del Servicio Público de Energía Eléctrica y su reglamento.

Producción Independiente: Es la generación de energía eléctrica de personas físicas o morales destinada para su venta exclusiva al suministrador a través de convenios a largo plazo.

Protección: Es el conjunto de relevadores y aparatos asociados que disparan los interruptores necesarios para separar equipo fallado, o que hacen operar otros dispositivos como válvulas, extintores y alarmas, para evitar que el daño aumente de proporciones o que se propague.

Punto de Interconexión Eléctrica: Es el punto donde se conviene la entrega de energía entre dos entidades.

Red de distribución: Es un conjunto de alimentadores interconectados y radiales que suministran a través de los alimentadores la energía a los diferentes usuarios.

Red Troncal: Dependiendo del sector se entiende: **A:** Medio físico primario de la red de comunicaciones. **B:** Conjunto de centrales generadoras, línea de transmisión y estaciones eléctricas que debido a su función y/o ubicación se consideran de importancia vital para un sistema.

Regulación Primaria: Es la respuesta automática medida en Mw. de la unidad generadora al activarse el sistema de gobierno de la misma, ante un cambio en la frecuencia eléctrica del sistema con respecto a su valor nominal.

Regulación Secundaria: Es la aportación en Mw de la unidad generadora en forma manual o automática para establecer la frecuencia eléctrica a su valor nominal de 60 Hz.

Repotenciación: Incremento de la capacidad efectiva de una unidad generadora existente.

Reserva de energía: Cantidad de generación que aún podría suministrarse después de despachar las unidades para satisfacer la curva de demanda del periodo considerado. Se calcula restando la energía necesaria de la generación posible total del sistema en el periodo bajo estudio. Se expresa en porcentaje de la energía necesaria bruta.

Reserva disponible: Capacidad excedente después de cubrir la demanda máxima considerando las unidades que realmente se encuentran disponibles, es decir, excluyendo las unidades que se encuentran fuera de servicio por salidas forzadas o planeadas.

Reserva Fría: Es la cantidad expresada en Mw resultante de las unidades generadoras disponibles y que no se encuentran conectadas al Sistema.

Reserva instalada: Reserva de capacidad prevista para cubrir salidas forzadas y salidas planeadas de las unidades generadoras; se calcula como la diferencia entre la potencia real instalada y la demanda máxima en el periodo considerado.

Reserva Operativa: Es la reserva rodante del área más la generación que puede ser conectada a un período de tiempo determinado (10 minutos normalmente), más la carga que puede ser interrumpida dentro del mismo período de tiempo.

Reserva Rodante: Es la cantidad expresada en Mw de la diferencia entre la capacidad rodante y la demanda del Sistema Eléctrico de cada instante.

Resistencia: Cualidad de un material de oponerse al paso de una corriente eléctrica. La resistencia depende de la longitud del conductor, su material, de su sección y de la temperatura del mismo. Las unidades de la resistencia son Ω.

Restaurador: Es un dispositivo utilizado para interrumpir corrientes de falla, tiene la característica de discriminar las fallas permanentes de las instantáneas a través de apertura y recierres en forma automática, bajo una secuencia predeterminada sin necesidad del interruptor del alimentador.

Seccionador: Es un dispositivo de seccionamiento que en caso de falla en el ramal del alimentador donde se instala, abre sus contactos automáticamente, aislando así la falla, su operación está comunicada a la del interruptor o restaurador según el caso, abre sus contactos al contar la falta de potencial tres veces.

Sincronizar: Es el conjunto de acciones que deben realizarse para conectar al Sistema Eléctrico Nacional en cada instante.

Sistema de distribución: Es el conjunto de subestaciones y alimentadores de distribución, ligados eléctricamente, que se encuentran interconectados en forma radial para suministrar la energía eléctrica.

Sistema eléctrico: Instalaciones de generación, transmisión y distribución, físicamente conectadas entre sí, operando como una unidad integral, bajo control, administración y supervisión.

Sistema Eléctrico Nacional (SEN): Es el conjunto de instalaciones destinadas a la Generación Transmisión, Distribución y venta de energía eléctrica de servicio público en toda la República, estén o no interconectadas.

Sistema Interconectado Nacional (SIN): Es la porción del Sistema Eléctrico Nacional que permanece unida eléctricamente.

Subestación: Conjunto de aparatos eléctricos localizados en un mismo lugar, y edificaciones necesarias para la conversión o transformación de energía eléctrica o para el enlace entre dos o más circuitos.

Subestación de distribución: Subestación que sirve para alimentar una red de distribución de energía eléctrica.

Subestación de transformación: Subestación que incluye transformadores.

Suministrador: Es la Comisión Federal de Electricidad o la Compañía de Luz y Fuerza del Centro.

Suministro: Es el conjunto de actos y trabajos para proporcionar energía eléctrica a cada usuario.

Tablero de control: Dentro de una subestación, son una serie de dispositivos que tienen por objeto sostener los aparatos de control, medición y protección, el bus mímico, los indicadores luminosos y las alarmas.

Tensión: Potencial eléctrico de un cuerpo. La diferencia de tensión entre dos puntos produce la circulación de corriente eléctrica cuando existe un conductor que los vincula. Se mide en Volt (V) y vulgarmente se la suele llama voltaje. La tensión de suministro en los hogares de México es de 110 V.

Transformación: Es la modificación de las características de la tensión y de la corriente eléctrica para adecuarlas a las necesidades de transmisión y distribución de la energía eléctrica.

Transformador: Dispositivo que sirve para convertir el valor de un flujo eléctrico a un valor diferente. De acuerdo con su utilización se clasifica de diferentes maneras.

Transmisión: Es la conducción de energía eléctrica desde las plantas de generación o puntos interconexión hasta los puntos de entrega para su distribución.

Turbina: Motor primario accionado por vapor, gas o agua, que convierte en movimiento giratorio la energía cinética del medio.

Unidad: Es la máquina rotatoria, compuesta de un motor primario ya sea: turbina hidráulica, de vapor, de gas, o motor diesel, acoplados a un generador eléctrico, se incluyen además la caldera y el transformador de potencia.

Unidad de Control Automático de Generación: Es cuando la generación de la unidad esta controlada y supervisada desde un centro de control, según corresponda, a través de equipos y/o programas de control automático de generación, dentro de límites y condiciones establecidas.

Unidad Amarrada: Es la condición de una unidad generadora que opera a un vapor fijo de generación, se le puede variar la generación en forma manual pero no participa en la regulación secundaria.

Unidad en Reserva Fría: Es toda unidad desconectada del Sistema Eléctrico Nacional y que está disponible.

Unidad en Reserva Caliente: Es toda unidad desconectada del Sistema Eléctrico Nacional, Disponible y que mantiene equipo de servicio con el objeto de reducir el tiempo empleado en sincronizar, o que por su característica es rápida en su sincronización.

Unidad Limitada: Es la condición de una unidad generadora que tiene un valor límite de generación para operar, siempre que este valor sea menor a su capacidad nominal y participa parcialmente, en la regulación primaria y secundaria del Sistema Eléctrico Nacional disminuyendo su generación al incrementarse la frecuencia.

Unidad Terminal Maestra: Es el conjunto de equipos y programas, que procesan información procedente de las unidades terminales remotas, unidades maestra y otros medios, que utilice el operador para el desempeño de sus funciones y que se encuentran ubicados en los centros de operación de los niveles jerárquicos.

Unidad Terminal remota: Es el conjunto de dispositivos electrónicos que reciben, transmiten y ejecutan los comandos solicitados por las unidades maestras y que se encuentran ubicadas en las instalaciones del Sistema Eléctrico Nacional.

Unidad Suelta: Es la unidad que no esta amarrada ni limitada.

Usuario: Persona física o moral que hace uso de la energía eléctrica proporcionada por el suministrador, previo contrato celebrado por las partes.

Volt (∗): Se define como la diferencia de potencial a lo largo de un conductor cuando una corriente de un amper utiliza un Watt de potencia. Unidad del Sistema Internacional.

Volt-ampere (∗): Unidad de potencia eléctrica aparente y se abrevia VA.

Volt-ampere reactivo (∗): Unidad de potencia eléctrica reactiva y se abrevia VAr.

Watt (∗): Es la unidad que mide potencia. Se abrevia W y su nombre se debe al físico inglés James Watt.

Zona: Unidad mínima del Sistema Eléctrico Nacional considerada para fines de estudio del mercado eléctrico.

Nota aclaratoria (∗):
Todas las unidades que se definen es este glosario son las que se utilizan en el medio de ingeniería eléctrica; sin embargo, la designación correcta de academia, difiere de esta; por ejemplo, utilizamos Amper, debiendo ser estrictamente Amperio, o bien en vez de Volt, Voltio.

GLOSARIO DE TÉRMINOS UTILIZADOS EN LA PLANIFICACIÓN Y CONTROL DEL ÁREA DE ELECTROMECÁNICA.

ABS: Palabra formada por las iniciales de "Anti-lock Brake System o sistema anti-bloqueo de frenos." Los vehículos con ABS emplean sensores de velocidad en las ruedas y una presión de frenado regulada por una computadora para evitar el bloqueo de las ruedas durante las frenadas de emergencia.

Actuadores: Elementos encargados de transformar una señal eléctrica enviada por un calculador (unidad de control electrónica), en movimiento de una trampilla, aguja etc. estos elementos pueden ser motores, electroválvulas etc.

Ajuste: Cambios necesarios para adaptar las holguras, o posiciones a las especificaciones.

Alternador: Elemento generador de energía eléctrica en el vehículo que posibilita una alimentación de tensión e intensidad suficiente para los consumidores eléctricos.

Calibrado: El acto de determinar o rectificar las graduaciones que usa un instrumento de prueba.

Centralita: También conocida como unidad de control electrónico o ECU (del inglés electronic control unit), es un dispositivo electrónico normalmente conectado a una serie de sensores que le proporcionan información y actuadores que ejecutan sus comandos. Una centralita electrónica cuenta con software cuya lógica le permite tomar decisiones (operar los actuadores) según la información del entorno proporcionada por los sensores. Dispositivo de estado sólido que recibe información desde sensores o detectores y está programado para activar varios circuitos y sistemas basándose en esa información.

Climatización: Sistema de regulación automática de las condiciones ambientales del interior del habitáculo. Simplemente hay que seleccionar la temperatura deseada y el climatizador accionará el nivel de ventilación del aire, la calefacción o el aire acondicionado, según sean las necesidades.

 Código de avería o de errores: Un número codificado que corresponde a un fallo especifico proporcionado por la computadora del vehículo. La mayoría de los sistemas electrónicos del motor tienen capacidad de auto-diagnosis. Cuando el motor está funcionando y la computadora detecta un problema en uno de los sensores, en los actuadores, en el cableado, o incluso en ella misma, almacena un código de avería en la memoria. La única indicación es una luz de averías en el panel de instrumentos que se enciende. Para extraer y leer los códigos almacenados en la memoria es necesario poner a masa el terminal de diagnosis o usar una herramienta de exploración para acceder al sistema. Para comprender los códigos de avería, se tiene que tener el manual del fabricante que dice lo que los números significan y explica paso a paso el procedimiento de diagnosis para localizar la causa.

Contactos: En el sistema de encendido con ruptor, el contacto fijo (yunque) y el móvil (martillo) que abren y cierran el circuito primario de encendido. Denominados también platinos.

Diagnóstico de averías por códigos: EL sistema de control del motor con ordenador tiene cierta capacidad de diagnostico para detectar algunos problemas del funcionamiento del motor y las emisiones de gases. Esto también es válido para los sistemas anti-bloqueo de frenos y cualquier otro sistema que esté controlado por ordenador. Cuando un fallo relacionado con el sistema eléctrico de la computadora (cables, masas, conexiones, sensores de entrada, transistores de potencia, actuadores de salida o la misma UCE) es detectado, el ordenador le asigna un código, lo almacenará en su memoria y encenderá una lámpara testigo. En algunos vehículos, la computadora puede ser puesta en un modo especial de diagnosis poniendo cierto terminal a masa en el enchufe de diagnosis. Esto hará que la luz testigo destelle el número del código de avería. En muchos vehículos más modernos, sin embargo, tiene que conectar una herramienta de exploración al sistema para tener acceso a y poder leer los códigos.

Diagnóstico: El procedimiento seguido para localizar la causa de un mal funcionamiento previo a la reparación necesaria para su eliminación; el procedimiento responde a la pregunta ¿qué es lo que está mal?. Implica la detección de la causa de la avería por un procedimiento de pruebas, ensayos y eliminación.

Embrague. El mecanismo que conecta el cigüeñal del motor o lo desconecta, con la caja de cambios. Consiste en un disco con forros de fricción y un plato de presión cargado con resortes que presiona fuertemente el disco contra el volante de inercia.

Equipo de diagnosis: Instrumento que permite una comunicación, una extracción de parámetros eléctricos de funcionamiento, así como las magnitudes físicas reales de un sistema. Existen equipos de diagnostico multimarca o propios del fabricante que posibilitan una comunicación a través de un conector de diagnosis.

Fusible: Dispositivo que se utiliza para proteger los diferentes circuitos, generalmente mediante el uso de un filamento que se funde por efecto Joule.

Inyección de combustible: Un dispositivo en el sistema de alimentación del combustible sin carburador que pulveriza la gasolina en el colector de admisión a través de un inyector.

Legislación ITV: Hace referencia a las leyes que regulan el correcto funcionamiento de los vehículos a motor y en las que se incluyen las modificaciones eléctricas realizadas a los mismos.

Lubricación: Engrasar con aceite las piezas de una maquina.

Manómetro: Aparato que sirve para indicar la presión de los fluidos.

Mantenimiento correctivo: Es el conjunto de tareas destinadas a corregir los defectos que se van presentando.

Mantenimiento predictivo: Es el mantenimiento que se usa para predecir la aparición de averías.

Mantenimiento preventivo: Es el mantenimiento que se usa para prevenir la aparición de averías.

Mantenimiento: Conjunto de operaciones y cuidados necesarios para que los sistemas del vehículo puedan seguir funcionando adecuadamente.

Manual de servicio. Libro publicado por cada fabricante del vehículo. Contiene todas las especificaciones y los procedimientos de servicio para cada modelo. Llamado también manual de taller.

Manuales de despiece: Manuales en los que aparecen los dispositivos desmontados en sus partes individuales.

Manuales del fabricante: Son los que suministra el fabricante del dispositivo para el correcto mantenimiento del mismo.

Normas anticontaminación: Niveles permisibles de emisión prescritos por la legislación estatal o europea. Conocidas como EURO IV, V, etc.

Normativa ISO: Conjunto de normas sobre calidad y gestión continúa de calidad a nivel internacional.

Orden de reparación: Documento que sirve para organizar la actividad productiva informando, autorizando y certificando los diferentes procesos a realizar.

Oscilograma: Grafica típica de funcionamiento de un elemento eléctrico proporcionada por un osciloscopio.

Osciloscopio: Instrumento de medición eléctrico que permite representar en una gráfica, entre otros muchos parámetros, tensión/tiempo o intensidad/tiempo.

Polímetro: Instrumento de medición que ofrece la posibilidad de medir distintos parámetros eléctricos. También denominado multímetro, tester o multitester.

Pretensores: Elemento pirotécnico encargado de tensar el cinturón de seguridad del vehículo en caso de producirse un choque.

Refrigeración: Por refrigeración entendemos el acto de evacuar el calor de un cuerpo, o moderar su temperatura, hasta dejarla en un valor determinado o constante.

Reglaje: También denominado sincronismo. En el motor, se refiere a la temporización de las válvulas, la del encendido, y a su relación con la posición del pistón en el cilindro nº 1.

Residuo peligroso: Materias que en cualquier estado físico o químico, contienen elementos o sustancias que pueden representar un peligro para el medio ambiente, la salud humana o los recursos naturales.

Seguridad pasiva: Se encarga de minimizar los posibles daños de los ocupantes del vehículo en el caso de que llegue a producirse un accidente. En la seguridad pasiva se engloban desde el diseño de las estructuras de deformación del vehículo para que absorban la energía en caso de impacto, hasta los cinturones de seguridad o los airbag.

Sensor. También llamado transductor. Dispositivo que recibe v reacciona a una señal, tal como una variación de tensión, temperatura o presión.

Siniestro: Es el acontecimiento o hecho previsto en el contrato de seguro cuyo acaecimiento genera la obligación de indemnizar al asegurado, mediante la reposición del bien o la indemnización al asegurado.

Sistema de alimentación: Sistema que suministra a los cilindros la mezcla combustible de gasolina vaporizada y aire. Consta de depósito de combustible, líneas o tubos, medidor de aire e inyectores o carburador, la bomba de combustible, lumbreras, colector de admisión y filtros.

Sistema de encendido: Los componentes que suministran las chispas de alta tensión a los cilindros del motor para encender la mezcla comprimida de aire gasolina. Tiene dos partes: el primario (la caja del distribuidor y el módulo de control electrónico) y el secundario (la bobina, la tapa del distribuidor, rotor, los cables supresores y bujías). En los sistemas de encendido sin distribuidor (DIS), como su nombre indica, no hay distribuidor. Cada cilindro tiene su propia bobina, o las bobinas son compartidas por los cilindros pareados (uno en compresión y otro en escape) en los sistemas de chispa pérdida.

Sistema de freno. Combinación de uno o más frenos y sus mecanismos de activación y control.

Sobrealimentación: La presión en el sistema de admisión de un motor más grande que la presión atmosférica del aire, creada por un turbocompresor o por un compresor mecánico. La presión adicional aumenta la cantidad de aire introducida en el cilindro, con lo cual se puede producir más potencia.

Suspensión: El sistema que soporta el peso del vehículo sobre sus ejes y ruedas. Comprende los muelles, amortiguadores, brazos oscilantes, rótulas de suspensión y montantes.

Tarifario oficial: Donde se recogen los tiempos que el fabricante tiene asignado para la realización de las distintas operaciones y que sirven como base para su facturación.

Tasación: Cálculo o determinación del precio o del valor global de una cosa o de un trabajo.

Terminales eléctricos: Elementos que facilitan la unión rápida y desmontable de cableados.

Tiempos de reparación: Son los tiempos que generalmente estipula el fabricante para la reparación o sustitución de un elemento.

Transmisión: El grupo de mecanismos que transmiten a la rueda motriz el par y el movimiento giratorio producido por el motor. Comprende: el embrague (o el convertidor de par; si la caja es automática), la caja de cambios, el árbol de la transmisión, el diferencial y los semiejes o palieres.

Unidades de gestión electrónica: Como en las centralitas, son las encargadas de gestionar electrónicamente el funcionamiento de algunos circuitos.

Ventilación: Sistema encargado de renovar el aire del habitáculo.

CUALIFICACIÓN PROFESIONAL: MANTENIMIENTO Y MONTAJE MECÁNICO DE EQUIPO INDUSTRIAL

Accesorio: Utensilio auxiliar para determinado trabajo o para el funcionamiento de una máquina.

Aceite: Sustancia grasa, líquida a temperatura ordinaria, de mayor o menor viscosidad, no miscible con agua y de menor densidad que ella, que se puede obtener sintéticamente. Son los líquidos encargados de suavizar los rozamientos y facilitar el movimiento entre piezas mecánicas que tienen que trabajar o van ajustadas entre sí, eliminando el calor generado entre ellas.

Aislamiento: Sistema o dispositivo que impide la transmisión de la electricidad, el calor, el sonido, etc.

Amperímetro: Instrumento que sirve para medir la intensidad de corriente que está circulando por un circuito eléctrico.

Automatismo: Mecanismo que repite constantemente la acción para la que está diseñado.

Cableado: Conectar, mediante hilos conductores, los diferentes componentes de un aparato.

Caudalímetro: Instrumento de medida para la medición de caudal o gasto volumétrico de un fluido o para la medición del gasto másico.

Circuito eléctrico: Red eléctrica (interconexión de dos o más componentes, tales como resistencias, inductores, capacitores, fuentes, interruptores y semiconductores) que contiene al menos una trayectoria cerrada.

Circuitos hidráulicos: Instalaciones que se emplean para generar, transmitir y transformar fuerzas y movimientos por medio de aceite.

Circuitos neumáticos: Instalaciones que se emplean para generar, transmitir y transformar fuerzas y movimientos por medio del aire comprimido.

Compatible: Que puede funcionar directamente con otro dispositivo, aparato o programa.

Conexión: Punto donde se realiza el enlace entre aparatos o sistemas.

Conjunto: Elementos que están unidos formando una totalidad.

Control: Regulación, manual o automática, sobre un sistema.

Desajustar: Desigualar, desconcertar una cosa de otra.

Desalineación angular: En este tipo de desalineación las dos poleas se encuentran en dos planos que se cruzan. La desalineación se puede dar en el plano vertical, horizontal o en ambos.

Desalineación paralela: En este tipo de desalineación las dos poleas se encuentran en dos planos que son paralelos.

Diagnosticar: Recoger y analizar datos para evaluar problemas de diversa naturaleza.

Dispositivo: Mecanismo o artificio dispuesto para producir una acción prevista.

Dispositivo de mando: Dispositivo que permite actuar sobre un mecanismo o aparato para iniciar, suspender o regular su funcionamiento.

Dispositivo de control: Dispositivo que permite regular, manual o automáticamente un sistema.

Dispositivo de señalización: Dispositivo informa de forma visual, sonora, etc. Del estado de alguna situación o acontecimiento.

Dispositivo de protección: Dispositivo que permite resguardar a una persona, animal o cosa de un perjuicio o peligro, poniéndole algo encima, rodeándole, etc..

Eléctrico: Que tiene, funciona o comunica electricidad.

Electrónico: Estudio y aplicación del comportamiento de los electrones en diversos medios, como el vacío, los gases y los semiconductores, sometidos a la acción de campos eléctricos y magnéticos.

Ensamblar: Unir, juntar, ajustar, especialmente piezas.

Equilibrado en un plano: En este tipo de equilibrado el diámetro del rotor es considerablemente mayor que su espesor.

Equipos hidráulicos: Colección de utensilios, instrumentos y aparatos especiales que funcionan mediante un fluido no compresible, normalmente aceite.

Equipos neumáticos: Colección de utensilios, instrumentos y aparatos especiales que funcionan mediante un fluido compresible, normalmente aire.

Especificaciones técnicas Las especificaciones técnicas son los documentos en los cuales se definen las normas, exigencias y procedimientos a ser empleados y aplicados en todos los trabajos de construcción de obras, elaboración de estudios, fabricación de equipos, etc.

Esquema: Representación gráfica o simbólica de cosas materiales o inmateriales.

Funcional: Se dice de todo aquello en cuyo diseño se ha atendido, sobre todo, a la facilidad, utilidad de su empleo.

Galgas de espesores: Láminas delgadas que tiene marcado su espesor y que son utilizadas para medir pequeñas aberturas o ranuras.

Gasto másico o **Flujo másico:** Magnitud que expresa la variación de la masa en el tiempo.

Gremio: Tipo de asociación económica de origen europeo, implantada también en las colonias, que agrupaba a los artesanos de un mismo oficio.

Herramientas de propósito general: Martillo, destornillador, metro, taladro, broca, regla, cincel, puntero, sierra, llave fija, alicates, tijeras, llaves allen, etc.

Hoja de proceso: Indica en qué orden, el tiempo estimado, etc, de los procesos de mantenimiento y reparación.

Hoja de verificación: Indica las operaciones de verificación a realizar aportando las instrucciones precisas para la realización de las mismas.

Instalar: Colocar en un lugar o edificio los enseres y servicios que en él se hayan de utilizar; como en una fábrica, los conductos de agua, aparatos para la luz, etc.

Juego radial: Espacio entre una de las pistas de un rodamiento y el elemento rodante.

Libro de mantenimiento: Libro en el cual se documenta las acciones de mantenimiento realizadas.

Llave dinamométrica: La llave dinamométrica o llave de torsión o torquímetro es una herramienta manual que se utiliza para apretar los tornillos que por sus condiciones de trabajo tienen que llevar un par de apriete muy exacto.

Mantenimiento: Conjunto de operaciones y cuidados necesarios para que instalaciones, edificios, industrias, etc., puedan seguir funcionando adecuadamente.

Manómetro: Aparato que sirve para medir la presión de fluidos contenidos en recipientes cerrados.

Mecánico: Dicho de un agente físico material: Que puede producir efectos como choques, rozaduras, erosiones, etc. Persona que profesa la mecánica.

Megóhmetro: Instrumento para la medida del aislamiento eléctrico en alta tensión.

Motor: Máquina destinada a producir movimiento a expensas de otra fuente de energía. Motor eléctrico, térmico, hidráulico.

Óhmetro, Ohmnímetro, u Ohmniómetro: Instrumento para medir la resistencia eléctrica.

Par de apriete: Par de fuerza con el que se debe apretar un tornillo o una tuerca. Se expresa en varias unidades y para aplicarlo se usan llaves dinamométricas o pistolas atornilladoras que pueden regular el par máximo de apriete.

Pata coja: El concepto pata coja hace referencia al apoyo que no llega a tocar la base sobre la que queremos colocar un elemento por no encontrarse en el mismo plano que los demás apoyos. Para corregir esta situación es necesario calzar la maquina hasta conseguir que todos los apoyos lleguen a tocar la base en el mismo momento.

Pinza amperométrica: Tipo especial de amperímetro que permite obviar el inconveniente de tener que abrir el circuito en el que se quiere medir la corriente para colocar un amperímetro clásico.

Polímetro o multímetro: Instrumento eléctrico portátil para medir directamente magnitudes eléctricas activas como corrientes y potenciales (tensiones) o pasivas como resistencias, capacidades y otras.

Presostato o interruptor de presión: Aparato que cierra o abre un circuito eléctrico dependiendo de la lectura de presión de un fluido.

Protocolo: Plan escrito y detallado de un experimento científico o un ensayo clínico.

Registro: Abertura con su tapa o cubierta, para examinar, conservar o reparar lo que está subterráneo o empotrado en un muro, pavimento, etc.

Reglaje: Reajuste que se hace de las piezas de un mecanismo para mantenerlo en perfecto funcionamiento.

Relé o **relevador:** Dispositivo electromecánico. Funciona como un interruptor controlado por un circuito eléctrico en el que, por medio de una bobina y un electroimán, se acciona un juego de uno o varios contactos que permiten abrir o cerrar otros circuitos eléctricos independientes.

Sonda de nivel: Objeto de manipulación remota cuya misión es informar el nivel de un líquido.

Tensimetro: Aparato para medir la tensión de la correa.

Utillaje: Conjunto de útiles necesarios para una industria.

Valor de consigna: Valor que se asigna a la máquina como valor ideal.

Variador de Velocidad: Es en un sentido amplio un dispositivo o conjunto de dispositivos mecánicos, hidráulicos, eléctricos o electrónicos empleados para controlar la velocidad giratoria de maquinaria, especialmente de motores.

Voltímetro: Instrumento que sirve para medir la diferencia de potencial entre dos puntos de un circuito eléctrico

---

SIMBOLOGÍA ELÉCTRICA

1.- Norma UNE-EN 60617 (IEC 60617)

En los últimos años (1996 al 1999) se han visto modificados los símbolos gráficos para esquemas eléctricos, a nivel internacional con la norma IEC 60617, que se ha adoptado a nivel europeo en la norma EN 60617 y que finalmente se ha publicado en España como la norma UNE-EN 60617.

Por lo que es necesario dar a conocer los símbolos más usados. La consulta de estos símbolos por medios informáticos en los organismos competentes que la publican (CENELEC y otros) está sujeta a suscripción y pago, por lo que he creído conveniente publicar éste extracto comentado, donde poder consultar de forma gratuita algunos de los símbolos más comunes.

Esta norma, está dividida en las siguientes partes:

Parte	Descripción
UNE-EN 60617-2	Elementos de símbolos, símbolos distintivos y otros símbolos de aplicación general
UNE-EN 60617-3	Conductores y dispositivos de conexión
UNE-EN 60617-4	Componentes pasivos básicos
UNE-EN 60617-5	Semiconductores y tubos electrónicos
UNE-EN 60617-6	Producción, transformación y conversión de la energía eléctrica
UNE-EN 60617-7	Aparamenta y dispositivos de control y protección
UNE-EN 60617-8	Instrumentos de medida, lámparas y dispositivos de señalización
UNE-EN 60617-9	Telecomunicaciones : Conmutación y equipos periféricos
UNE-EN 60617-10	Telecomunicaciones : Transmisión
UNE-EN 60617-11	Esquemas y planos de instalación, arquitectónicos y topográficos.
UNE-EN 60617-12	Operadores lógicos binarios
UNE-EN 60617-13	Operadores analógicos

2.- Conductores, componentes pasivos, elementos de control y protección básicos

Los símbolos más utilizados en instalaciones eléctricas son los siguientes:

Símbolo	Descripción
	Objeto(contorno de un Objeto) Por ejemplo: - Equipo - Dispositivo - Unidad funcional - Componente - Función Deben incorporarse al símbolo o situarse en su proximidad otros símbolos o descripciones apropiadas para precisar el tipo de objeto. Si la representación lo exige se puede utilizar un contorno de otra forma
	Pantalla , Blindaje Por ejemplo, para reducir la penetración de campos eléctricos o electromagnéticos. El símbolo debe dibujarse con la forma que convenga.
	Conductor
L1 $\underline{3N\sim380V,50Hz}$ L2 L3 N $3(1x120)+1x70$	**Conductor** Se pueden dar informaciones complementarias. Ejemplo: circuito de corriente trifásica, 380 V, 50 Hz, tres conductores de 120 mm^2, con hilo neutro de 70 mm^2
	Conductores(unifilar) Las dos representaciones son correctas Ejemplo: 3 conductores

	**Conexión flexible**
	**Conductor apantallado**
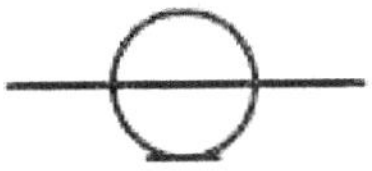	**Cable coaxial**
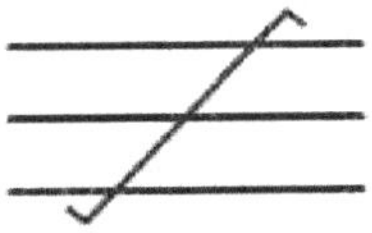	**Conexión trenzada** Se muestran 3 conexiones
	Unión Punto de conexión
	Terminal
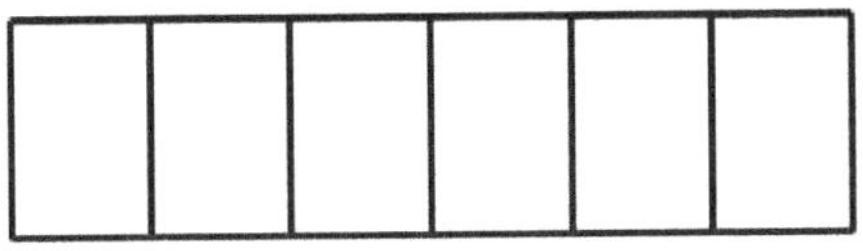	**Regleta de terminales** Se pueden añadir marcas de terminales
	**Conexión en T**
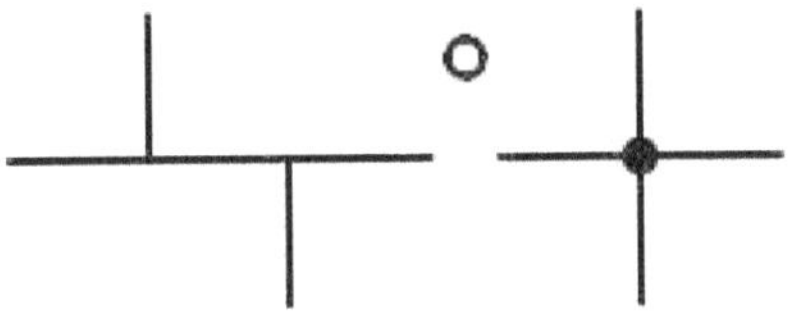	**Unión doble de conductores** La forma 2 se debe utilizar solamente si es necesario por razones de representación.
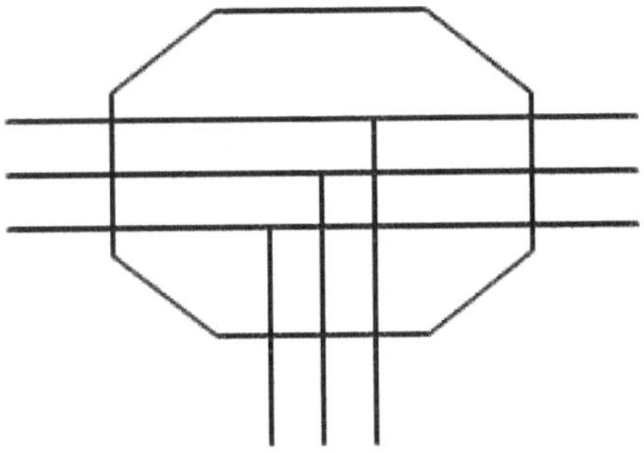	**Caja de empalme**, se muestra con tres conductores con T conexiones. Representación multilineal.
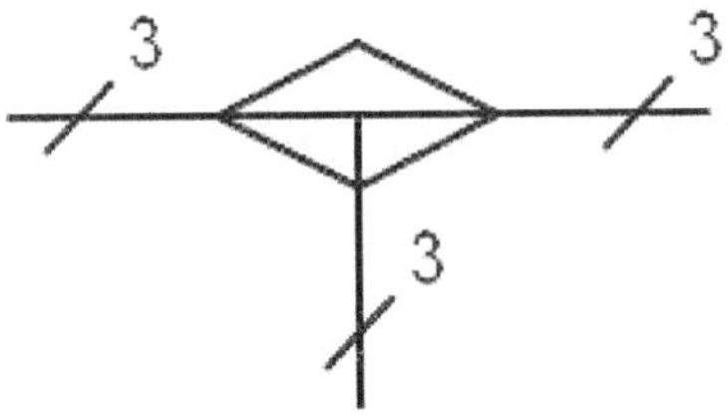	**Caja de empalme**, se muestra con tres conductores con T conexiones. Representación unifiliar.
	Corriente continua

	Corriente alterna
	Corriente rectificada con componente alterna. (Si es necesario distinguirla de una corriente rectificada y filtrada)
	Polaridad positiva
	Polaridad negativa
	Neutro
	Tierra Se puede dar información adicional sobre el estado de la tierra si su finalidad no es evidente.
	Masa, Chasis Se puede omitir completa o parcialmente las rayas si no existe ambigüedad. Si se omiten, la línea de masa debe ser más gruesa.
	Equipotencialidad
	Contacto hembra (de una base o de una clavija).**Base de enchufe**. En una representación unifilar, el símbolo indica la parte hembra de un conector multicontacto.
	Contacto macho (de una base o de una clavija).**Clavija de enchufe**. En una representación unifilar, el símbolo indica la parte macho de un conector multicontacto.

	**Base y Clavija**
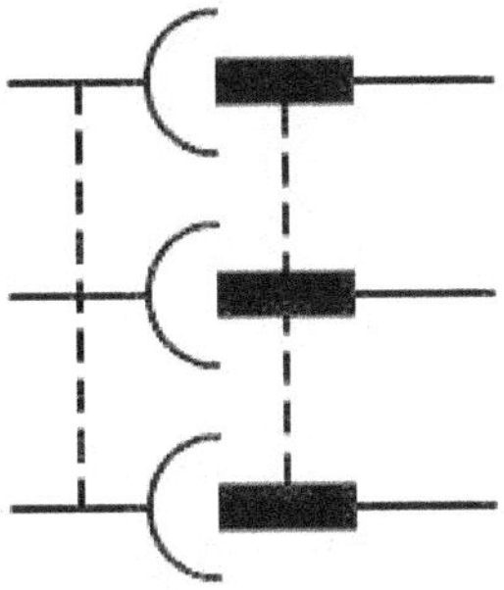	**Base y Clavija multipolares** El símbolo se muestra en una representación multifilar con 3 contactos hembra y 3 contactos macho.
	**Base y Clavija multipolares** El símbolo se muestra en una representación unifilar con 3 contactos hembra y 3 contactos macho.
	**Conector a presión**
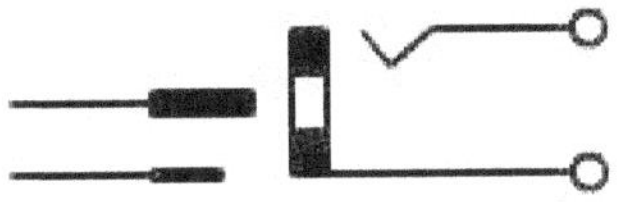	**Clavija y conector tipo jack**
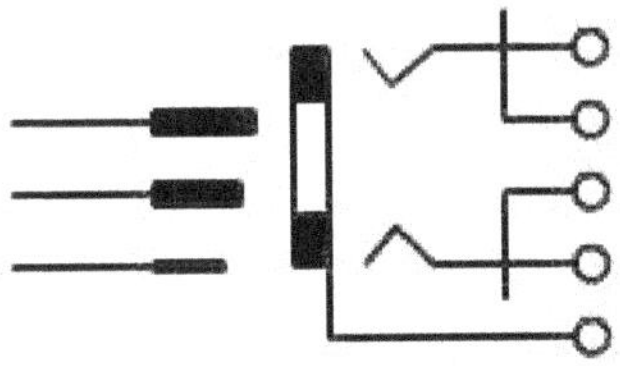	**Clavija y conector tipo jack con contactos de ruptura**
	**Base con contacto para conductor de protección**
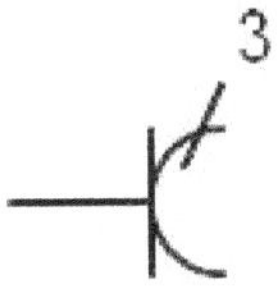	**Toma de corriente múltiple** El símbolo representa 3 contactos hembra con conductor de protección
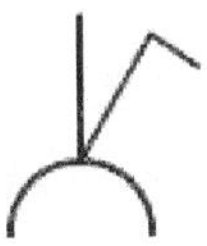	**Base de enchufe con interruptor unipolar**
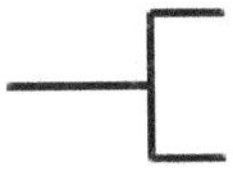	**Base de enchufe (telecomunicaciones)**. Símbolo general. Las designaciones se pueden utilizar para distinguir diferentes

	tipos de tomas: TP = teléfono FX = telefax M = micrófono FM = modulación de frecuencia TV = televisión TX = telex = altavoz
	Punto de salida para aparato de iluminación Símbolo representado con cableado.
	Lámpara, símbolo general.
	Luminaria, símbolo general. **Lámpara fluorescente**, símbolo general.
	Luminaria con tres tubos fluorescentes (multifilar)
	Luminaria con cinco tubos fluorescentes (unifilar)
	Cebador, Tubo de descarga de gas con Starter térmico para lámpara fluorescente.
	Resistencia, símbolo general.
	Fotorresistencia
	Resistencia variable

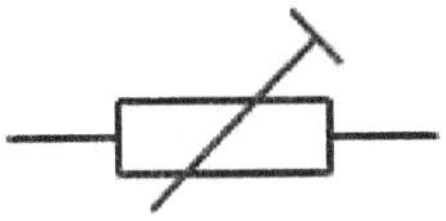	**Resistencia variable de valor preajustado**
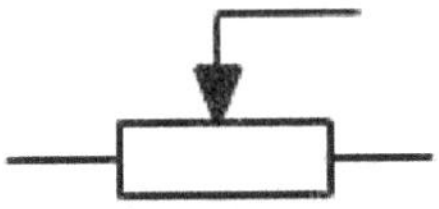	**Potenciómetro con contacto móvil**
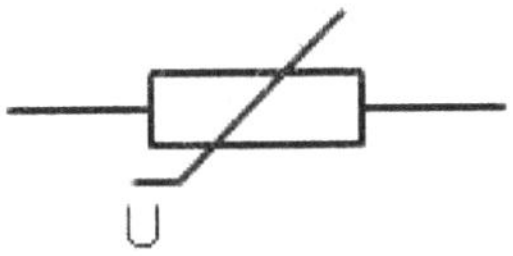	**Resistencia dependiente de la tensión**
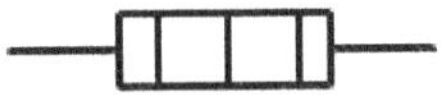	**Elemento calefactor**
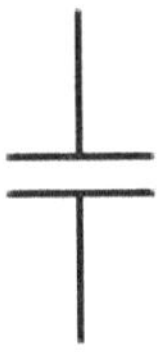	**Condensador**, símbolo general.
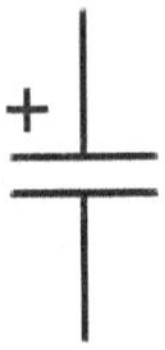	**Condensador polarizado**, condensador electrolítico.
	**Condensador variable**
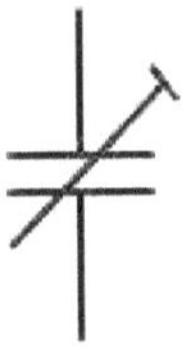	**Condensador con ajuste predeterminado**
	**Bobina**, símbolo general, **inductancia, arrollamiento o reactancia**
	**Bobina con núcleomagnético**
	**Bobina con tomas fijas**, se muestra una toma intermedia.
 	**Interruptor normalmente abierto (NA).** Cualquiera de los dos símbolos

	es válido.
	**Interruptor normalmente cerrado (NC).**
	**Interruptor automático.** Símbolo general.
	**Interruptor**. Unifilar.
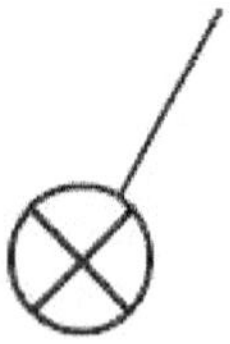	**Interruptor con luz piloto**. Unifilar.
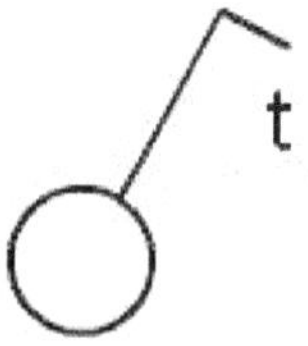	**Interruptor unipolar con tiempo de conexión limitado**. Unifilar.
	**Interruptor graduador**. Unifilar. Regulador de intensidad luminosa.
	**Interruptor bipolar**. Unifilar.
	**Conmutador**
	**Conmutador unipolar**. Unifilar. Por ejemplo, para los diferentes niveles de iluminación.

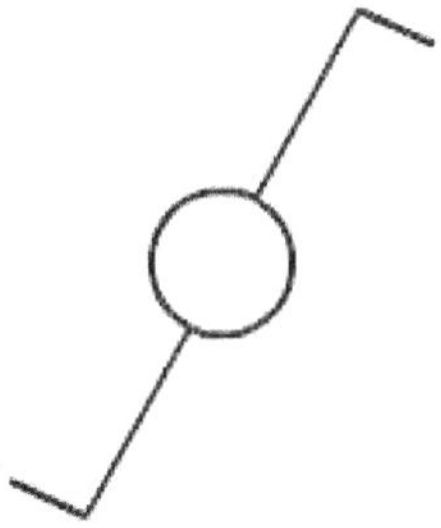	**Interruptor unipolar de dos posiciones. Conmutador de vaivén**. Unifilar.
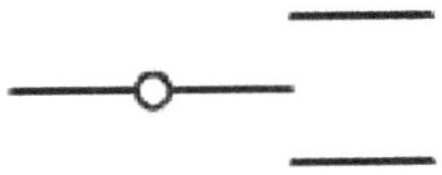	**Conmutador con posicionamiento intermedio de corte**.
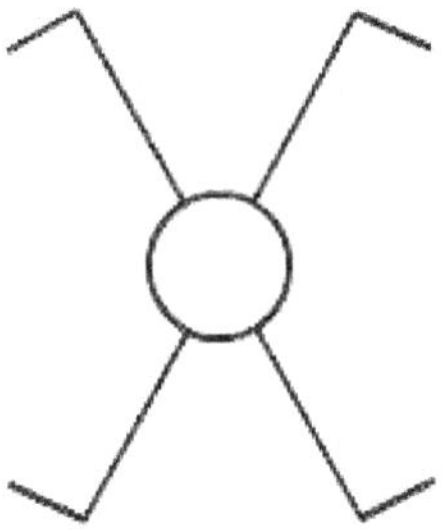	**Conmutador intermedio.Conmutador de cruce**. Unifilar. Diagrama equivalente de circuitos.
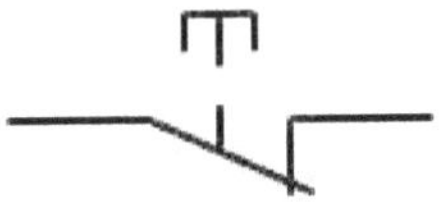	**Pulsador normalmente cerrado**
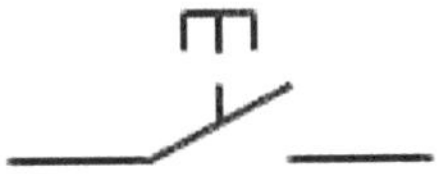	**Pulsador normalmente abierto**
	**Pulsador**. Unifilar.
	**Pulsador con lámpara indicadora**. Unifilar.
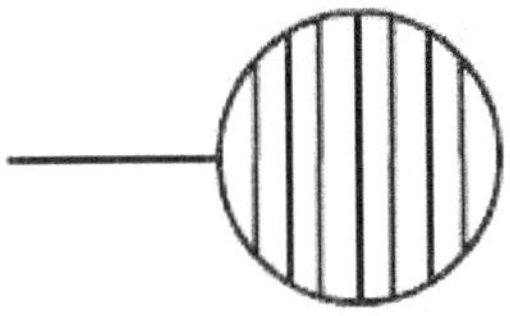	**Calentador de agua**. Símbolo representado con cableado.
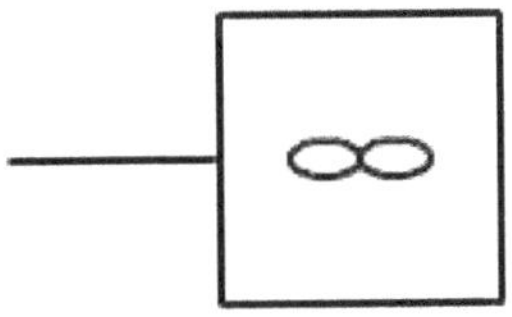	**Ventilador**. Símbolo representado con cableado.
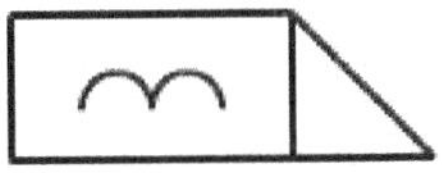	**Cerradura eléctrica**
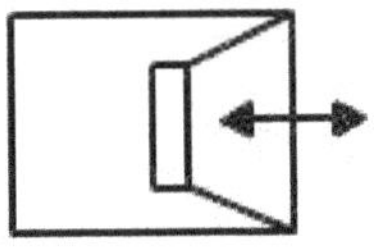	**Interfono.** Por ejemplo: intercomunicador.

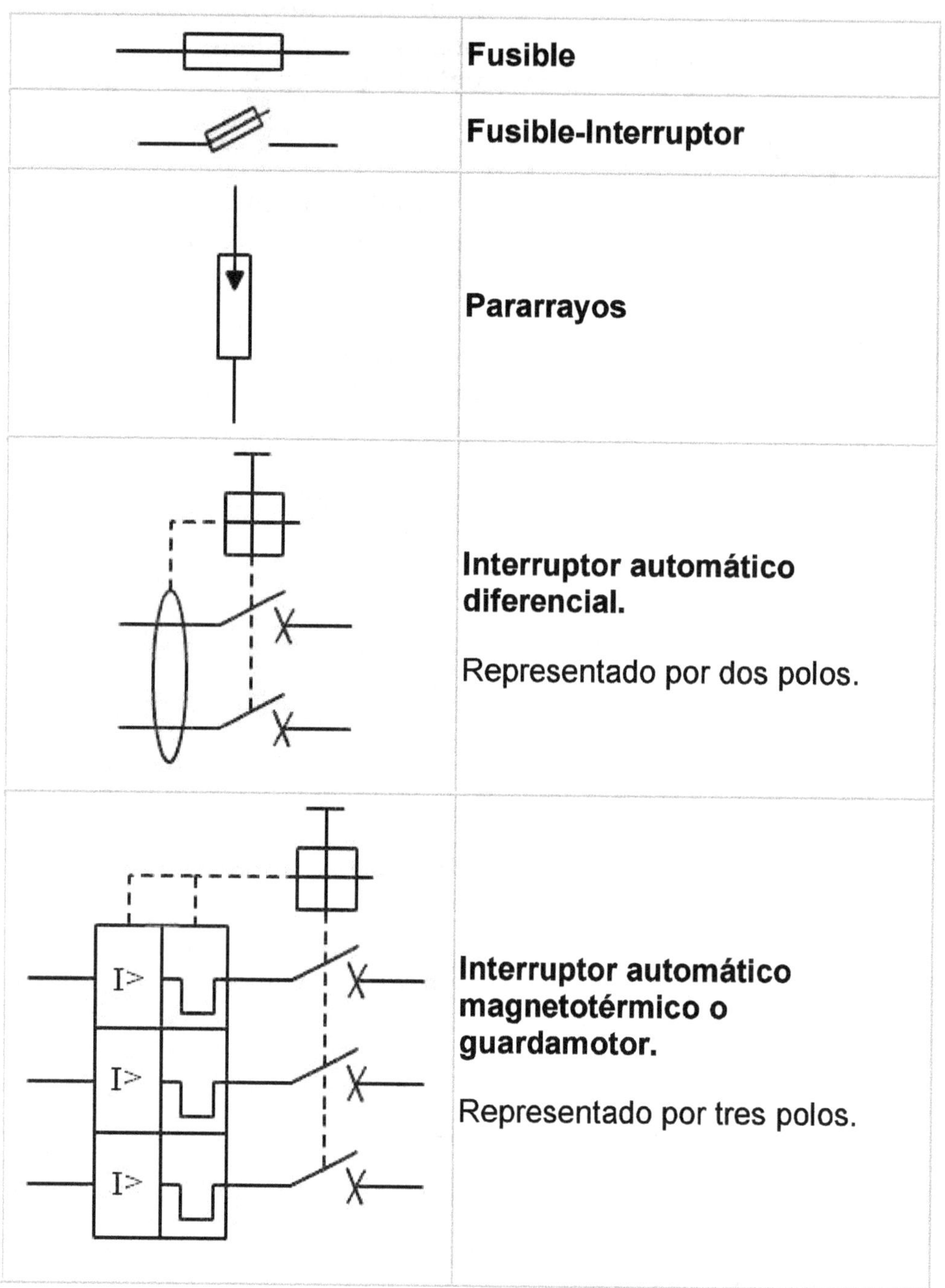	**Fusible**
	Fusible-Interruptor
	Pararrayos
	Interruptor automático diferencial. Representado por dos polos.
	Interruptor automático magnetotérmico o guardamotor. Representado por tres polos.

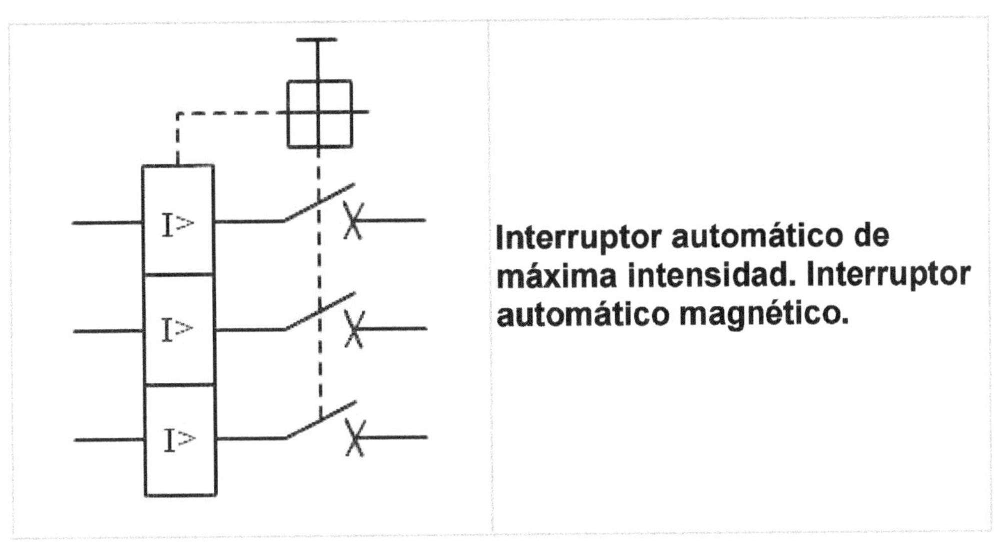

Interruptor automático de máxima intensidad. Interruptor automático magnético.

3.- Dispositivos de conmutación de potencia, relés, contactos y accionamientos

La obtención de los distintos símbolos se forman a partir de la combinación de acoplamientos, accionadores y otros símbolos básicos. A continuación se muestran los más importantes y luego algunos de los símbolos más comunes.

Acoplamientos mecánicos	
Símbolo	**Descripción**
	Conexión, mecánica, hidráulica, óptica o funcional. La longitud puede ajustarse a lo necesario.
	Conexión, mecánica, hidráulica, óptica o funcional. Sólo se utiliza cuando no puede utilizarse la forma anterior.
	Conexión, con indicación del sentido de la fuerza o movimiento de la translación.
	Conexión, con indicación del sentido del movimiento de la rotación.
	Acción retardada. Forma 1 y forma 2
	Con retorno automático. El triángulo se dirige hacia el sentido del retorno.
	Trinquete, retén o retorno no automático. Dispositivo para mantener una posición dada.
	Trinquete o retén liberado
	Trinquete o retén encajado
	Enclavamiento mecánico entre dos dispositivos
	Dispositivo de enganche liberado
	Dispositivo de enganche enganchado

Símbolo	Descripción
	**Dispositivo de bloqueo**
	**Embrague mecánico desembragado**
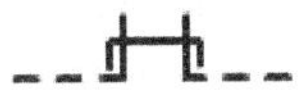	**Embrague mecánico embragado**
	**Freno**
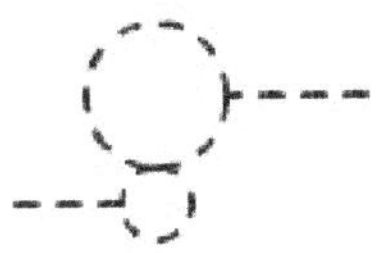	**Engranaje**

Accionadores de dispositivos	
Símbolo	**Descripción**
	Accionador manual, símbolo general
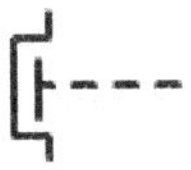	**Accionador manual protegido contra una operación no intencionada.**Pulsador con carcasa de protección de seguridad contra manipulación indebida
	**Mando de tirador**. Tiradores
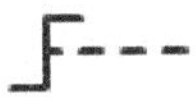	**Mando rotatorio**. Selectores, interruptores.
	**Mando de pulsador**. Pulsadores
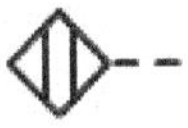	**Mando por efecto de proximidad**. Detectores inductivos de proximidad.
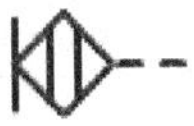	**Mando por contacto**. Palpadores
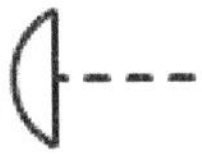	**Accionamiento de emergencia tipo "seta"**. Pulsador de paro de emergencia
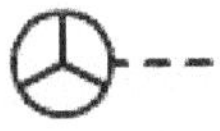	**Mando de volante.**
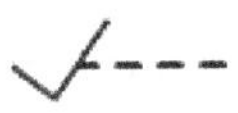	**Mando de pedal.**
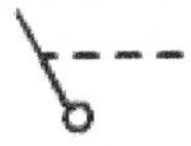	**Mando de palanca.**
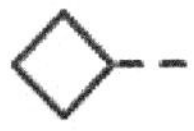	**Mando manual amovible.**
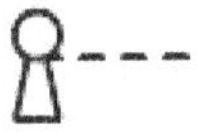	**Mando de llave.**
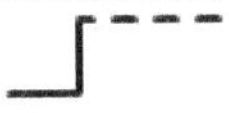	**Mando de manivela.**
	**Mando de corredera o roldana.** Final de

	carrera
	Mando de leva . Interruptor de leva
	Mando por acumulación de energía.
	Accionamiento por energía hidráulica o neumática, de simple efecto.
	Accionamiento por energía hidráulica o neumática, de doble efecto.
	Accionamiento por efecto electromagnético. Relé.
	Accionamiento por un dispositivo electromagnético para protección contra sobreintensidad
	Accionamiento por un dispositivo térmico para protección contra sobreintensidad
	Mando por motor eléctrico
	Mando por reloj eléctrico
	Accionamiento por el nivel de un fluido. Boya de nivel de agua
	Accionado por un contador. Cuenta impulsos
	Accionado por el flujo de un fluido. Interruptor de flujo de agua
	Accionado por el flujo de un gas. Interruptor de flujo de aire
	Accionado por humedad relativa.

Relés	
Símbolo	**Descripción**
	Bobina de relé, contactor u otro dispositivo de mando, símbolo general. Cualquiera de los dos símbolos es válido. Si un dispositivo tiene varios devanados, se puede indicar añadiendo el número de trazos inclinados en el interior del símbolo.
	Ejemplo: Dispositivo de mando con dos devanados separados. Forma 1 y forma 2
	Dispositivo de mando retardado a la desconexión. Desconexión retardada al activar el mando.
	Dispositivo de mando retardado a la conexión. Conexión retardada al activar el mando.
	Dispositivo de mando retardado a la conexión y a la desconexión. Conexión retardada al activar el mando y también al desactivarlo.

	Mando de un relé rápido. Conexión y desconexión rápidas (relés especiales).
	Mando de un relé de enclavamiento mecánico. Telerruptor
	Mando de un relé polarizado.
	Mando de un relé de remanencia.
	Mando de un relé electrónico.
	Bobina de una electroválvula.

Contactos de elementos de control	
Símbolo	**Descripción**
	**Interruptor normalmente abierto (NA).**
	**Interruptor normalmente cerrado (NC).**
	**Conmutador.**
	**Contacto inversor solapado.** Cierra el NO antes de abrir NC
	**Contacto de paso, con cierre momentáneo cuando su dispositivo de control se activa.**
	**Contacto de paso, con cierre momentáneo cuando su dispositivo de control se desactiva.**
	**Contacto de paso, con cierre momentáneo cuando su dispositivo de control se activa o se desactiva.**
	**Contacto** (de un conjunto de varios contactos) **de cierre adelantado respecto a los demás contactos del conjunto.**
	**Contacto** (de un conjunto de varios contactos) **de cierre retrasado respecto a los demás contactos del conjunto.**
	**Contacto** (de un conjunto de varios contactos) **de apertura retrasada respecto a los demás contactos del conjunto.**
	**Contacto** (de un conjunto de varios contactos) **de apertura adelantada respecto a los demás contactos del conjunto.**
	**Contacto de cierre retardado a la conexión de su dispositivo de mando.** Temporizador a la conexión
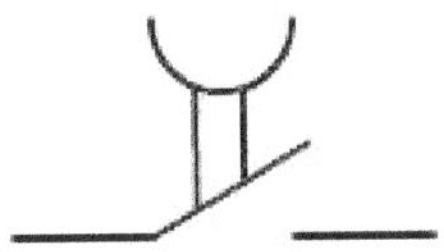	**Contacto de cierre retardado a la desconexión de su dispositivo de mando.** Temporizador a la desconexión
	**Contacto de apertura retardado a la conexión de su dispositivo de mando.** Temporizador a la conexión

Símbolo	Descripción
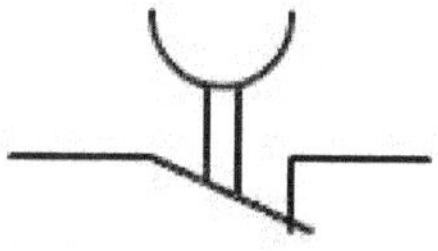	**Contacto de apertura retardado a la desconexión de su dispositivo de mando.** Temporizador a la desconexión
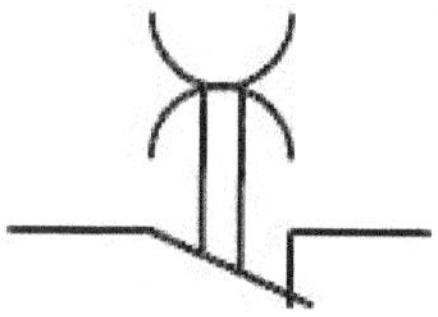	**Contacto de cierre retardado a la conexión y también a la desconexión de su dispositivo de mando.**
	**Contacto de cierre con retorno automático.**
	**Contacto de apertura con retorno automático.**
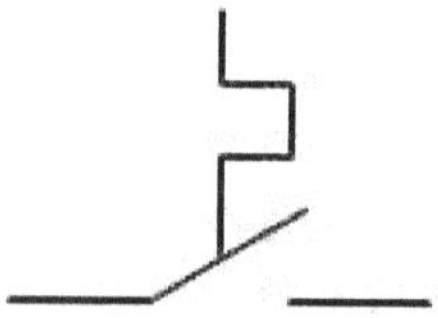	**Contacto auxiliar de cierre autoaccionado por un relé térmico.**
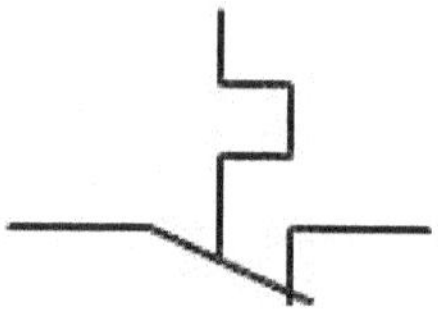	**Contacto auxiliar de apertura autoaccionado por un relé térmico.**

Contactos de accionadores de mando manual	
Símbolo	**Descripción**
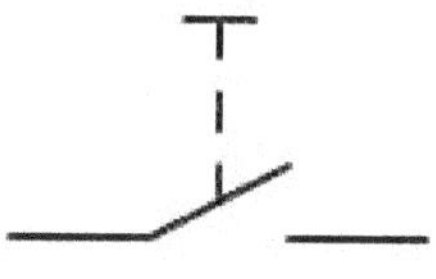	**Contacto de cierre de control manual,** símbolo general Interruptor de mando
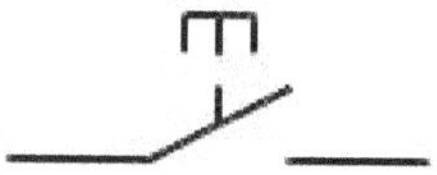	**Pulsador normalmente abierto.**(retorno automático)
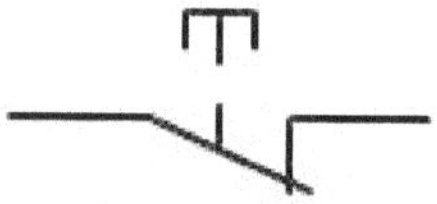	**Pulsador normalmente cerrado.**(retorno automático)
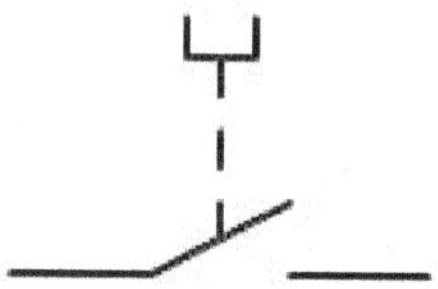	**Interruptor girador.**

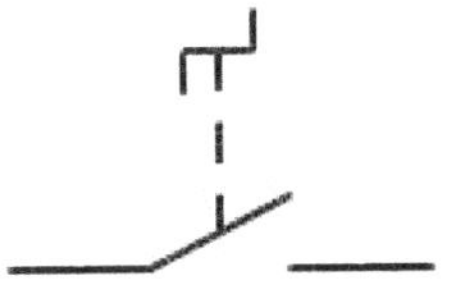	**Interruptor de giro con contacto de cierre.**
	**Interruptor de giro con contacto de apertura.**
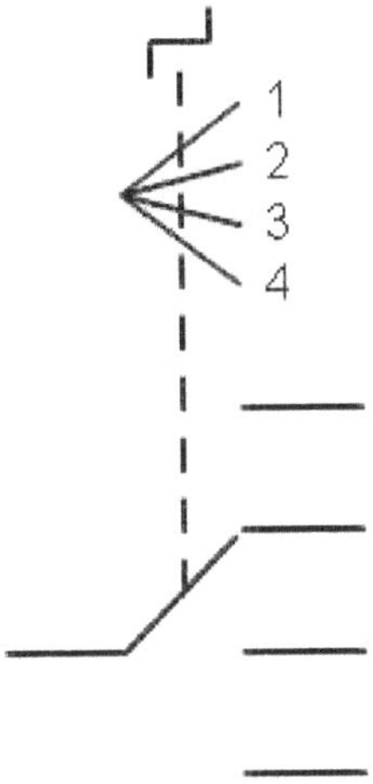 1 2 3 4	Ejemplo de un interruptor de mando rotativo de 4 posiciones fijas

Elementos captadores de campo	
Símbolo	**Descripción**
	**Contacto de cierre de un interruptor de posición.** Contacto NO de un final de carrera
	**Contacto de apertura de un interruptor de posición.** Contacto NC de un final de carrera
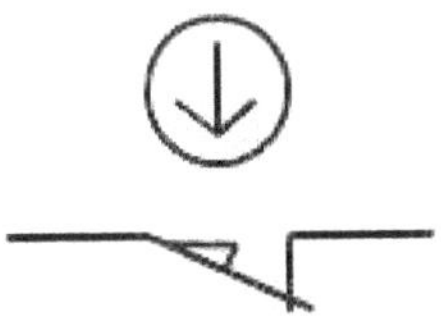	**Contacto de apertura de un interruptor de posición con maniobra positiva de apertura.** Final de carrera de seguridad.
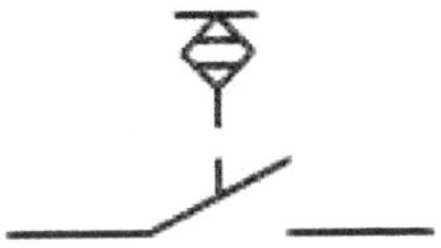	**Interruptor sensible al contacto con contacto de cierre.**
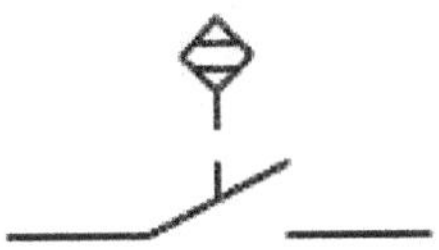	**Interruptor de proximidad con contacto de cierre.** Sensor inductivo de materiales metálicos

	Interruptor de proximidad con contacto de cierre accionado por imán.
Fe	**Interruptor de proximidad de materiales férricos con contacto de apertura.** Detector de proximidad de hierro (Fe)
− +	**Termopar**, representado con los símbolos de polaridad.
	Termopar la polaridad se indica con el trazo más grueso en uno de sus terminales (polo negativo)
	Interruptor de nivel de un fluido.
	Interruptor de caudal de un fluido (interruptor de flujo)
	Interruptor de caudal de un gas
P	**Interruptor accionado por presión** (presostato)
	Interruptor accionado por temperatura (termostato)

Elementos de potencia	
Símbolo	**Descripción**
	Contactor, contacto principal de cierre de un contactor. Contacto abierto en reposo.
	Contactor, contacto principal de apertura de un contactor. Contacto cerrado en reposo.
	Contactor con desconexión automática provocada por un relé de medida o un disparador incorporados.
	Seccionador.
	Seccionador de dos posiciones con posición intermedia
	Interruptor seccionador (control manual)
	Interruptor seccionador con apertura automática provocada por un relé de medida o un disparador incorporados
	Interruptor seccionador (de control manual) **Interruptor seccionador** con dispositivo de bloqueo
	Interruptor estático, (semiconductor) símbolo general.
	Contactor estático, (semiconductor).
	Contactor estático, (semiconductor) con el paso de la corriente en un solo sentido. Izquierdas.
	Contactor estático, (semiconductor) con el paso de la corriente en un solo sentido. Derechas.

4.- Instrumentos de medida y señalización

Símbolo	Descripción
$*$	**Relé de medida.** Dispositivo relacionado con un relé de medida. 1.- El asterisco se debe reemplazar por una o más letras o símbolos distintivos que indique los parámetros del dispositivo en el siguiente orden: - Magnitud característica y su forma de variación. - Sentido de flujo de la energía. - Campo de ajuste. - Relación de restablecimiento. - Acción retardada. - Valor de retardo temporal
	Relé electro térmico.
	Relé electromagnético.
$I>$	**Relé de máxima intensidad (** sobreintensidad)
$I_d>$	**Relé de corriente diferencial** (Id)
$U>$	**Relé de máxima tensión** (sobretensión)

*	**Aparato registrador.** Símbolo general. El asterisco se sustituye por el símbolo de la magnitud que registrará el aparato
W	**Vatímetro registrador.**
	Oscilógrafo.
*	**Aparato integrador.** Símbolo general. El asterisco se sustituye por la magnitud de medida
h	**Contador horario.** Contador de horas.
Ah	**Amperihorímetro.** Contador de Amperios-hora.
Wh	**Contador de energía activa. Varihorímetro.** Contador de vatios-hora
Wh	**Contador de energía activa, que mide la energía transmitida en un solo sentido.** Contador de vatios-hora

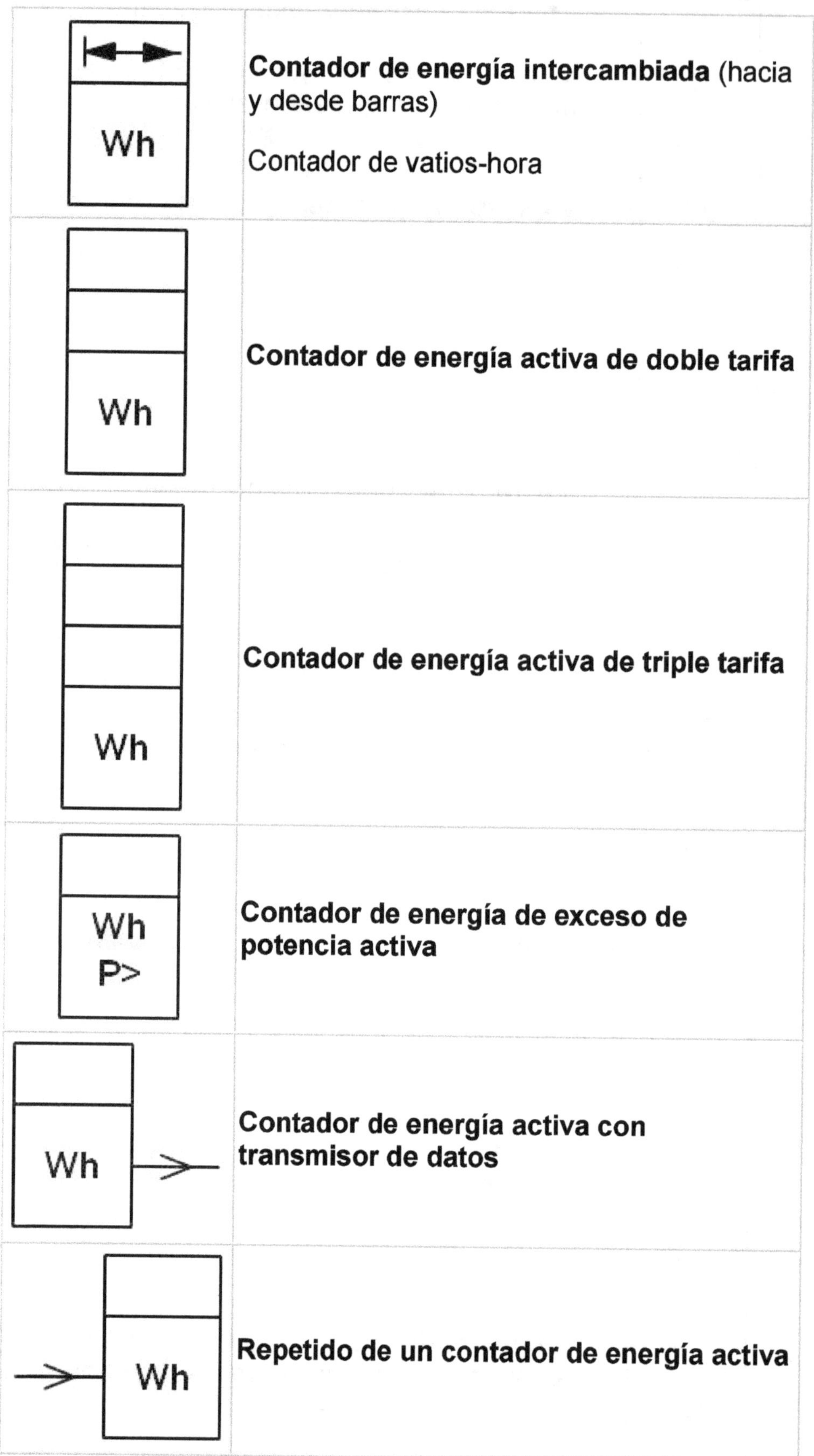

Contador de energía intercambiada (hacia y desde barras) Contador de vatios-hora	
Contador de energía activa de doble tarifa	
Contador de energía activa de triple tarifa	
Contador de energía de exceso de potencia activa	
Contador de energía activa con transmisor de datos	
Repetido de un contador de energía activa	

Wh	**Repetido de un contador de energía activa con un dispositivo de impresión**
Wh Pmax	**Contador de energía activa con indicación del valor máximo de la potencia media**
Wh Pmax	**Contador de energía activa con registrador del valor máximo de la potencia media**
varh	**Contador de energía reactiva. Varihómetro.** Contador de voltioamperios reactivos por hora
*	**Aparato indicador.** Símbolo general. El asterisco se sustituye por el símbolo de la magnitud que indicará el aparato. Ejemplos: A = Amperímetro. mA = miliamperímetro. V = Voltímetro. W = Vatímetro.
V	**Voltímetro.** Indicador de tensión.

A I sin φ	**Amperímetro de corriente reactiva.**
var	**Vármetro.** Indicador de potencia reactiva.
Cos φ	**Aparato de medida del factor de potencia.**
φ	**Fasímetro.** Indicador del ángulo de desfase.
Hz	**Frecuencímetro.** Indicador de la frecuencia.
	Sincronoscopio. Indicador del desfase entre dos señales para su sincronización.
λ	**Ondámetro.** Indicador de la longitud de onda.
	Osciloscopio. Indicador de formas de onda.
V U_d	**Voltímetro diferencial.** Indicador de la diferencia de tensión entre dos señales.
	Galvanómetro. Indicador del aislamiento galvánico.

	Termómetro. Pirómetro. Indicador de la temperatura.
	Tacómetro. Indicador de las revoluciones.
	Lámpara de señal, símbolo general. Si se desea indicar el color, se debe colocar el siguiente código junto al símbolo: RD ó C2 = rojo OG ó C3 = Naranja YE ó C4 = amarillo GN ó C5 = verde BU ó C6 = azul WH ó C9 = blanco Si se desea indicar el tipo de lámpara, se debe colocar el siguiente código junto al símbolo: Ne = neón Xe = xenón Na = vapor de sodio Hg = mercurio I = yodo IN = incandescente EL = electrominínico ARC = arco FL = fluorescente IR = infrarrojo UV = ultravioleta LED = diodo de emisión de luz.
	Lámpara de señalización, tipo oscilatorio.

	Lámpara alimentada mediante transformador incorporado.
	bocina.
	Timbre, campana
	Zumbador
	Sirena
	Silbato de accionamiento eléctrico
	Elemento de señalización electromecánico

5.- Producción, transformación y conversión de la energía eléctrica

Símbolo	Descripción
	Pila o acumulador, el trazo largo indica el positivo
	Fuente de corriente ideal.
	Fuente de tensión ideal.
G	**Generador no rotativo.** Símbolo general
G	**Generador fotovoltaico**
*	**Máquina rotativa.** Símbolo general. El asterisco, *, será sustituido por uno de los símbolos literales siguientes: **C** = Conmutatriz **G** = Generador **GS** = Generador síncrono **M** = Motor **MG** = Máquina reversible (que

	puede ser usada como motor y generador) **MS** = Motor síncrono
M	**Motor lineal.** Símbolo general.
M	**Motor de corriente continua.**
M	**Motor paso a paso.**
G	**Generador manual.** Generador de corriente de llamada, magneto.
M	**Motor serie**, de corriente continua

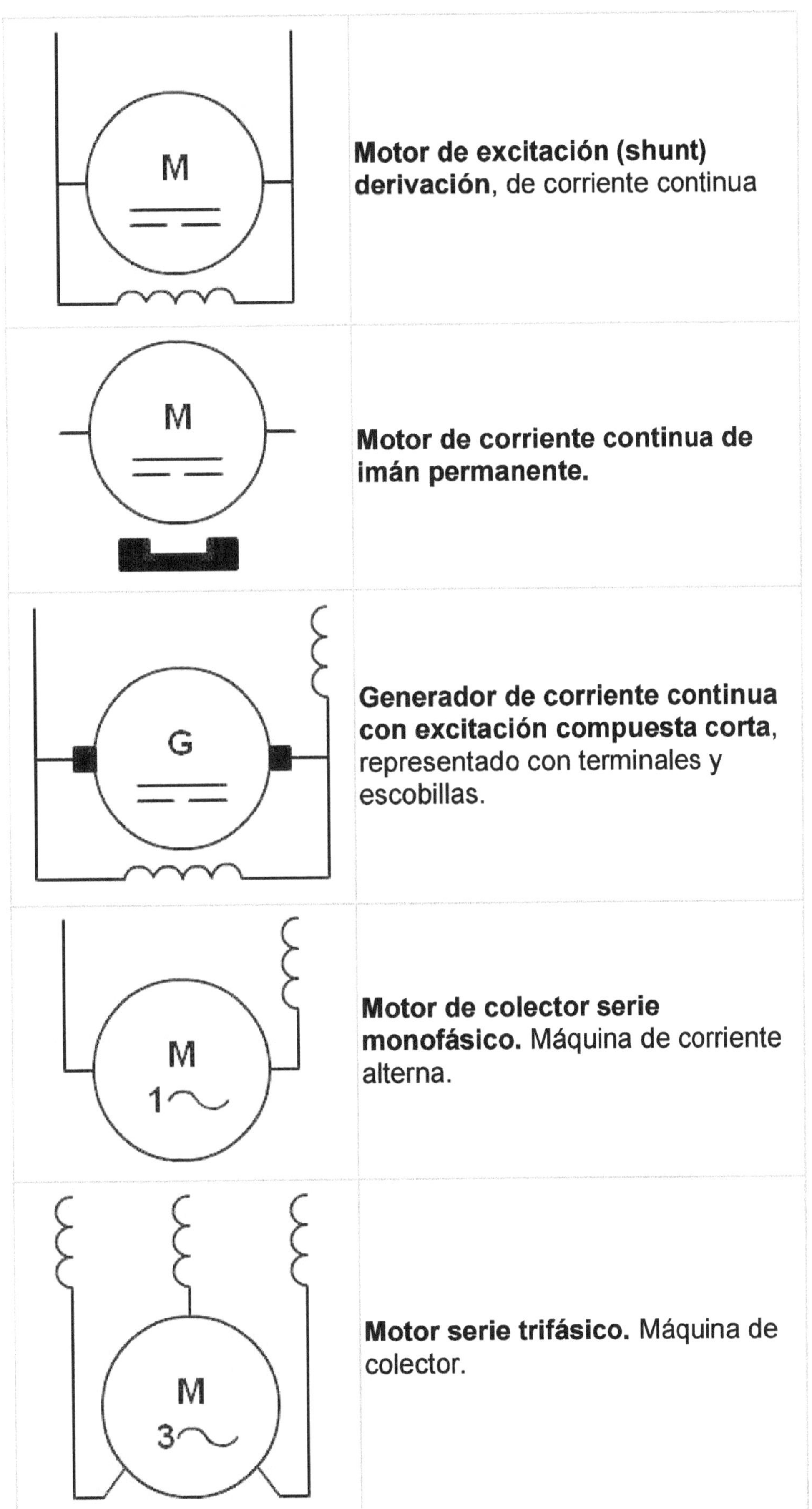

	Motor de excitación (shunt) derivación, de corriente continua
	Motor de corriente continua de imán permanente.
	Generador de corriente continua con excitación compuesta corta, representado con terminales y escobillas.
	Motor de colector serie monofásico. Máquina de corriente alterna.
	Motor serie trifásico. Máquina de colector.

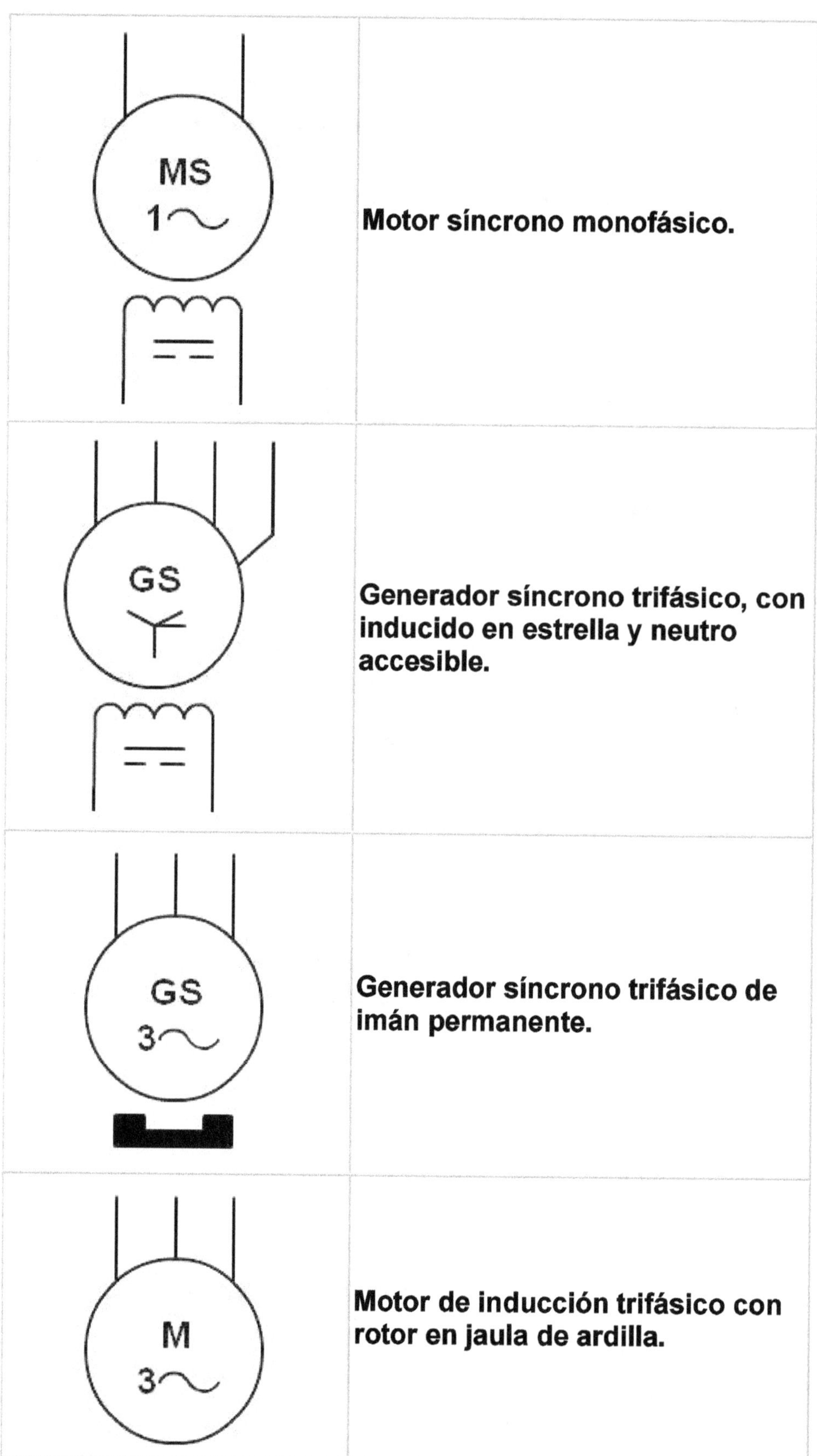

	Motor síncrono monofásico.
	Generador síncrono trifásico, con inducido en estrella y neutro accesible.
	Generador síncrono trifásico de imán permanente.
	Motor de inducción trifásico con rotor en jaula de ardilla.

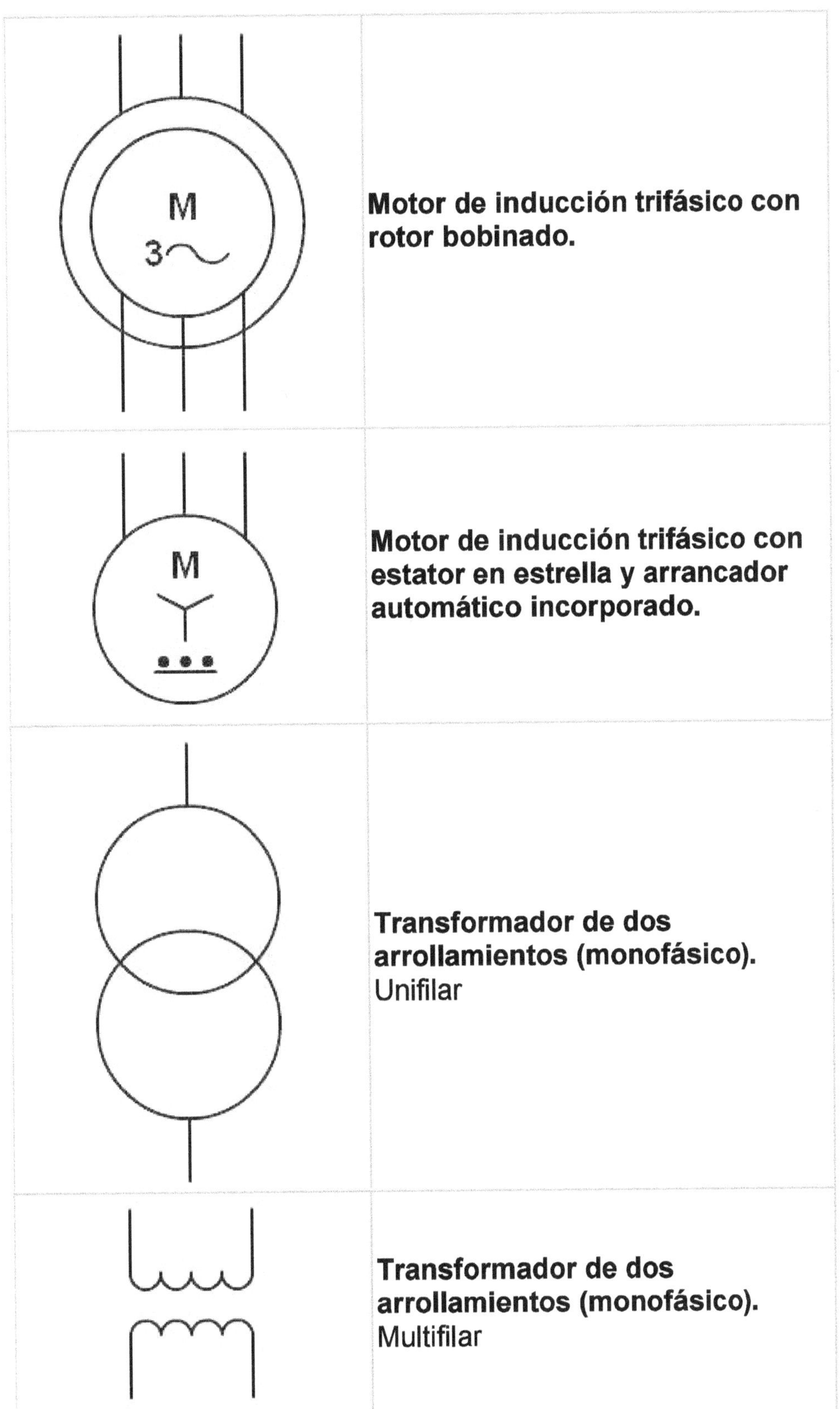

	Motor de inducción trifásico con rotor bobinado.
	Motor de inducción trifásico con estator en estrella y arrancador automático incorporado.
	Transformador de dos arrollamientos (monofásico). Unifilar
	Transformador de dos arrollamientos (monofásico). Multifilar

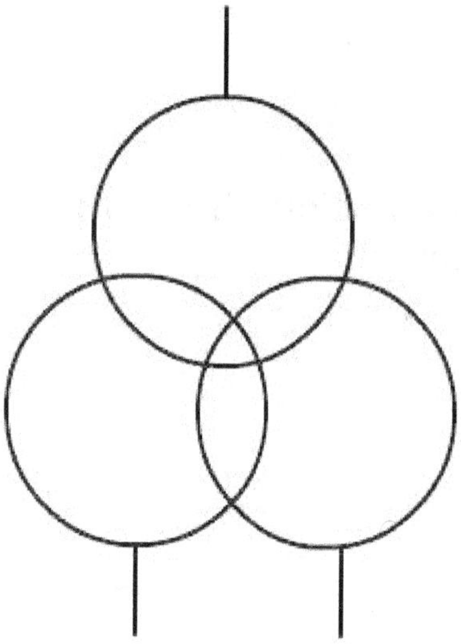	**Transformador de tres arrollamientos.** Unifilar
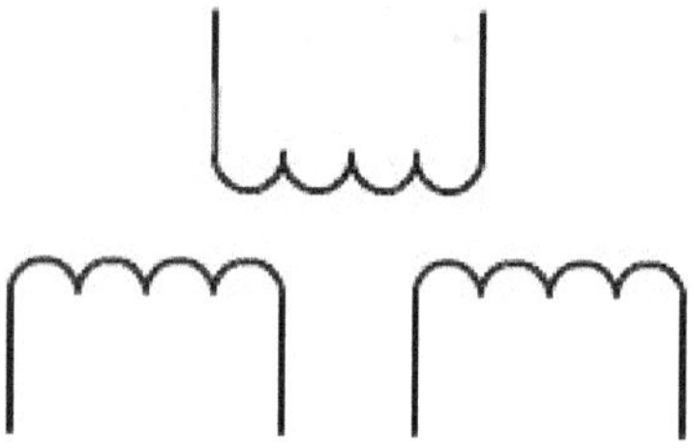	**Transformador de tres arrollamientos.** Multifilar
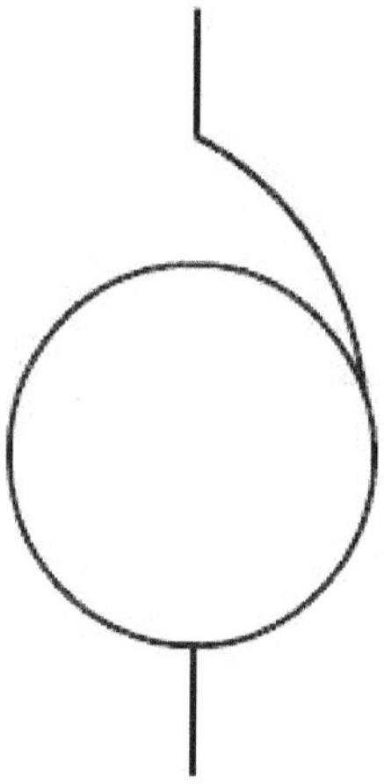	**Autotransformador.** Unifilar
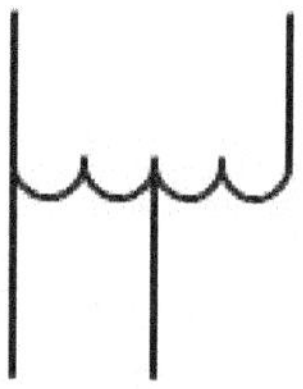	**Autotransformador.** Multifilar

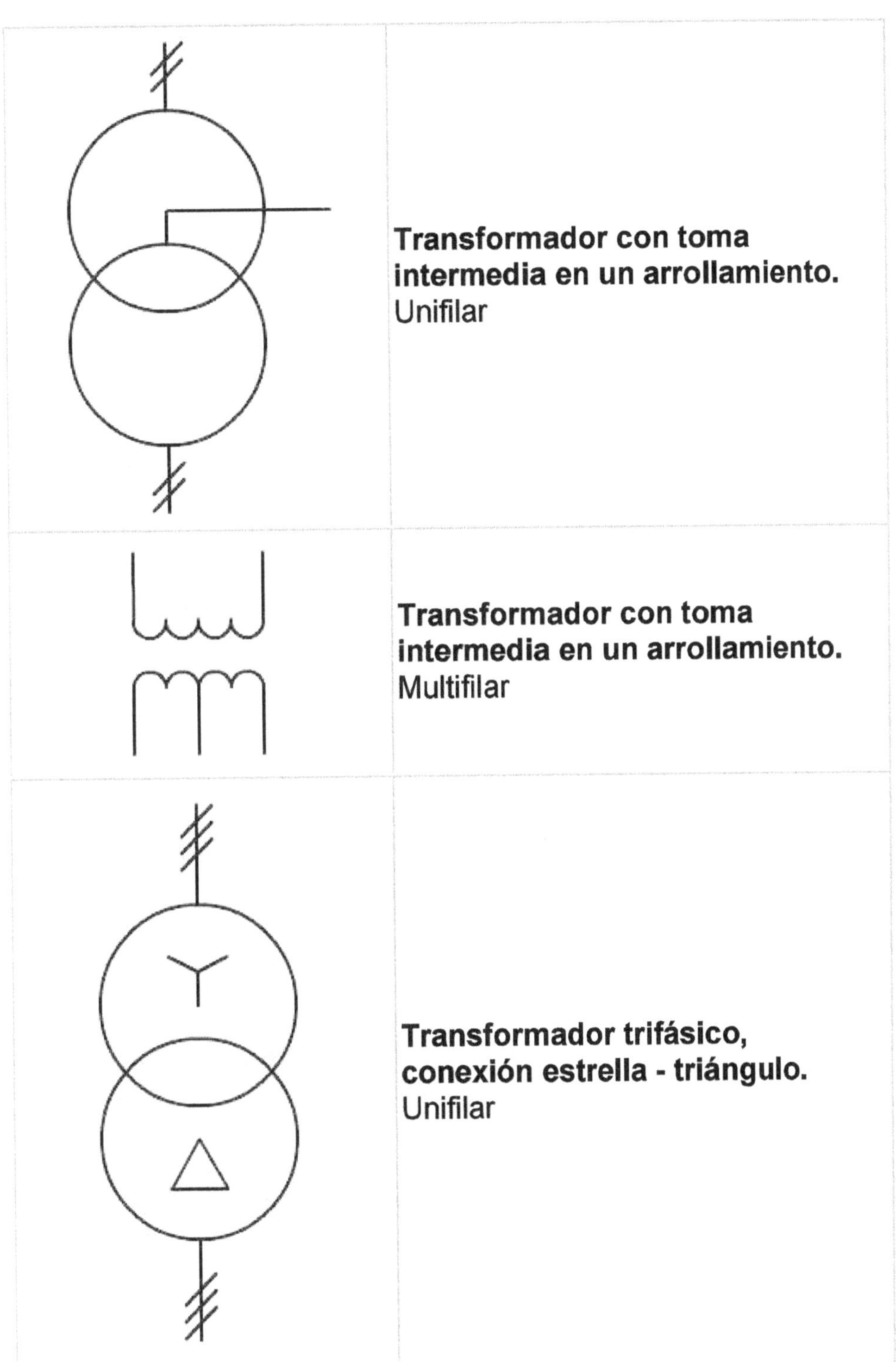

	Transformador con toma intermedia en un arrollamiento. Unifilar
	Transformador con toma intermedia en un arrollamiento. Multifilar
	Transformador trifásico, conexión estrella - triángulo. Unifilar

	Transformador trifásico, conexión estrella - triángulo. Multifilar
	Transformador de corriente o transformador de impulsos. Unifilar
	Transformador de corriente o transformador de impulsos. Multifilar
	Convertidor. Símbolo general. Se pueden indicar a ambos lados de la barra central un símbolo de la magnitud, forma de onda, etc. de entrada y de salida para indicar la naturaleza de la conversión.
	Convertidor de corriente continua. (DC/DC)
	Rectificador. Símbolo general (convertidor de AC a DC)

	Rectificador de doble onda, (puente rectificador).
	Ondulador, Inversor. (convertidor de DC a AC)
	Rectificador / ondulador; Rectificador / inversor.
	Arrancador de motor. Símbolo general. Unifilar.
	Arrancador de motor por etapas. Se puede indicar el número de etapas. Unifilar.
	Arrancador regulador, Variador de velocidad. Unifilar.
	Arrancador directo con contactores para cambiar el sentido de giro del motor. Unifilar.
	Arrancador estrella - triángulo. Unifilar.
	Arrancador por autotransformador. Unifilar.

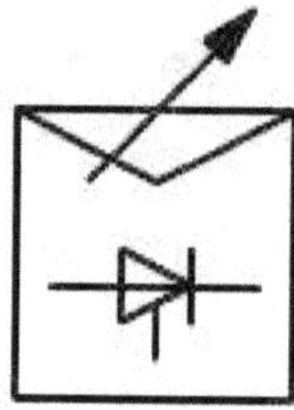

Arrancador - regulador por tiristores, Convertidores de frecuencia, Variadores de velocidad. Unifilar.

6.- Semiconductores

Símbolo	Descripción
	Diodo
	Diodo emisor de luz (LED)
	Diodo Zener
	Tiristor
	Diac.Tiristor diodo bidireccional.
	Triac.Tiristor triodo bidireccional.
	Transistor bipolar NPN
	Transistor bipolar PNP
	Transistor de efecto de campo (FET) con canal de tipo N

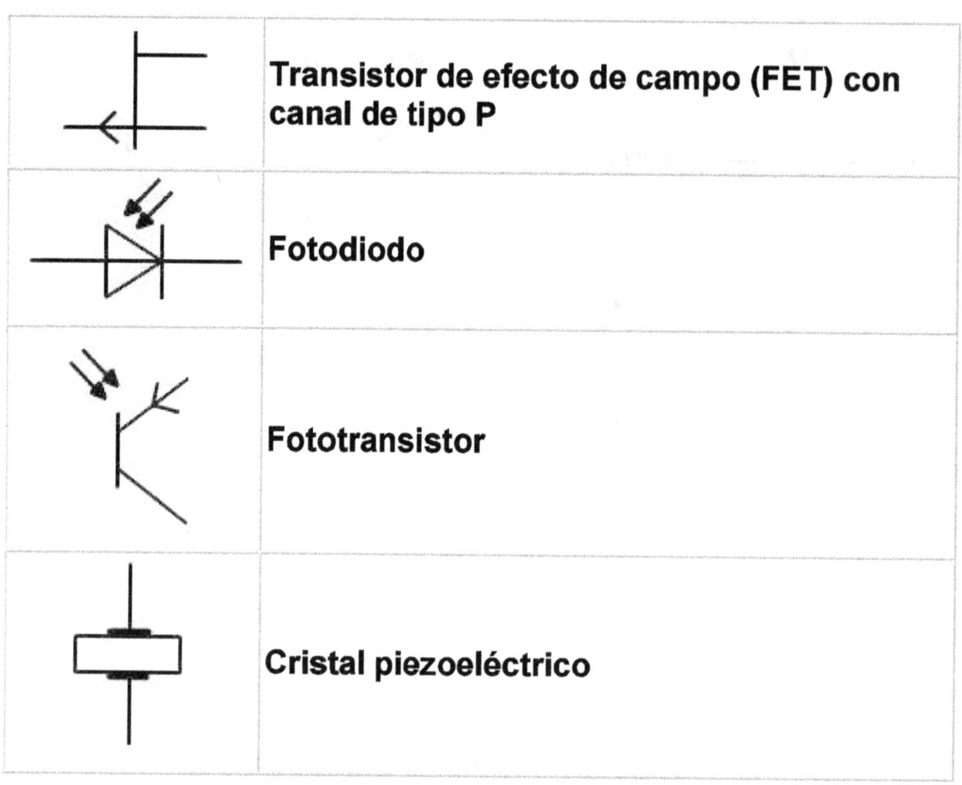

	Transistor de efecto de campo (FET) con canal de tipo P
	Fotodiodo
	Fototransistor
	Cristal piezoeléctrico

7.- Operadores analógicos

Dada la complejidad que pueden llegar a tener estos símbolos se compondrán de las partes:

Contorno o conjunto de contornos, junto con uno o más símbolos distintivos y las líneas de entrada y de salida.

El esquema básico de este símbolo es:

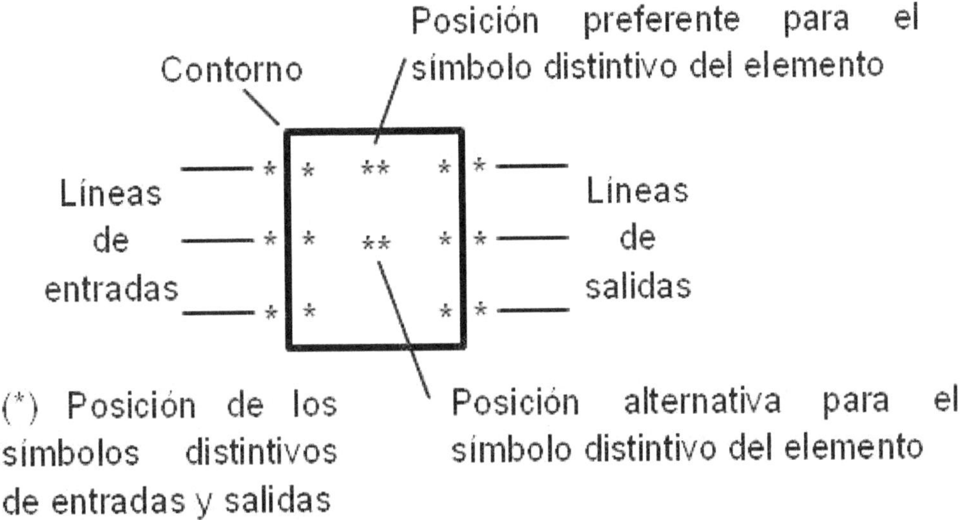

La relación entre el ancho y largo del contorno es arbitraria.

Cuando no se indique lo contrario se debe suponer que las entradas están en la parte izquierda y las salidas en la parte derecha. Pero puede modificarse si esto ayuda a la distribución de un esquema o a interpretar al dispositivo.

Símbolo	Descripción
$f(x_1, ..., x_n)$ x_1 $\vdots$ x_n	**Operador de funciones matemáticas,** símbolo general. f(x1, ..., xn) debe ser remplazada por una indicación apropiada o una referencia que caracteriza a la función.

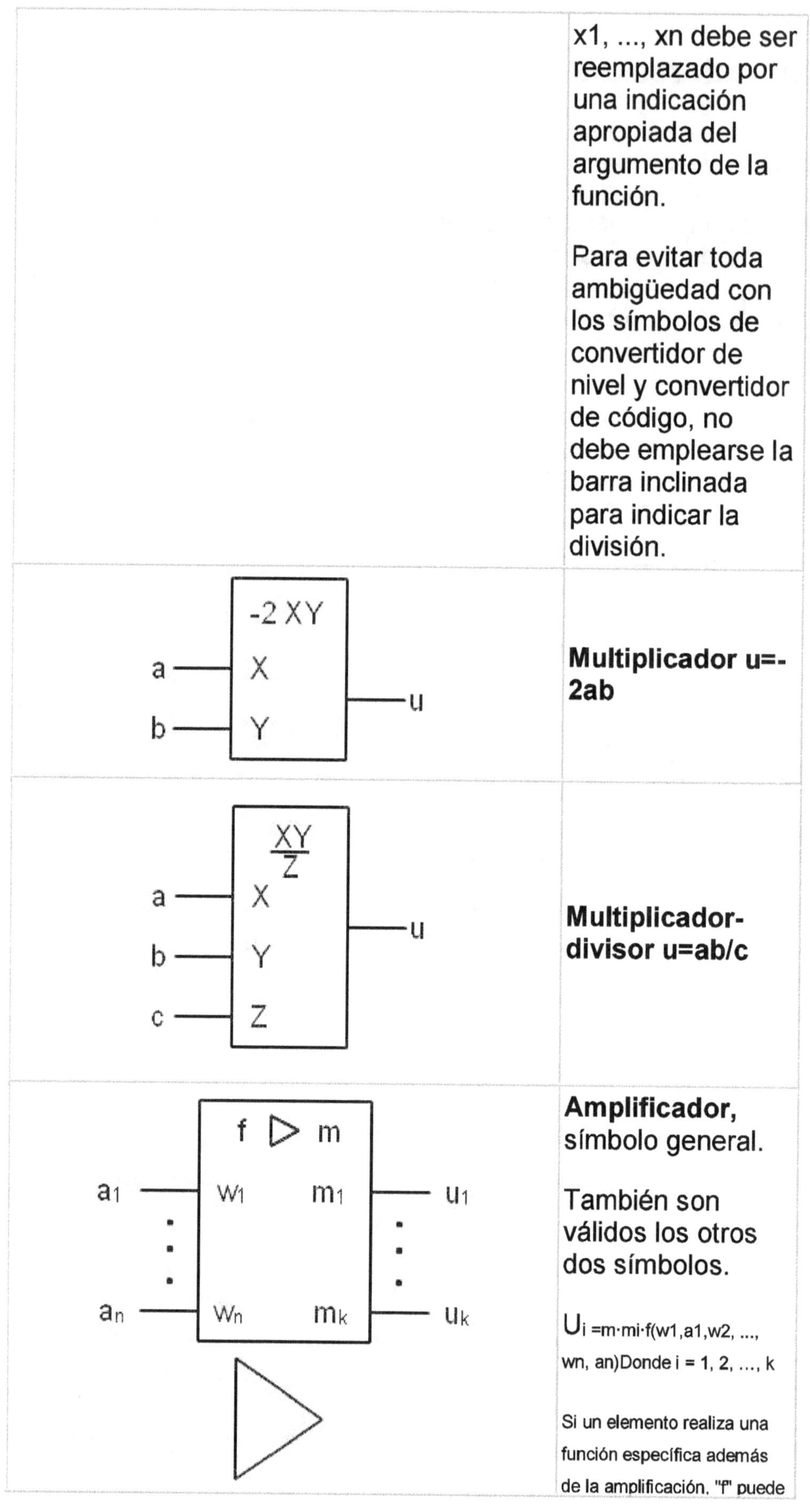	x1, ..., xn debe ser reemplazado por una indicación apropiada del argumento de la función. Para evitar toda ambigüedad con los símbolos de convertidor de nivel y convertidor de código, no debe emplearse la barra inclinada para indicar la división.
	Multiplicador u=-2ab
	Multiplicador-divisor u=ab/c
	Amplificador, símbolo general. También son válidos los otros dos símbolos. $U_i = m \cdot m_i \cdot f(w_1, a_1, w_2, ..., w_n, a_n)$ Donde $i = 1, 2, ..., k$ Si un elemento realiza una función específica además de la amplificación, "f" puede

ser remplazado por un símbolo distintivo apropiado. De otra forma "f" deberá ser omitido.

Se utilizarán los símbolos distintivos siguientes para las funciones indicadas.

Σ suma

$\int$ integración

$\dfrac{d}{dt}$ derivada respecto del tiempo

exp función exponencial

log función logarítmica (base 10)

SH muestreo y retención

m·mi es igual al factor de amplificación de la salida im representa el factor común de amplificación

Si el factor común es fijo y debe ser representado, "m" debe ser reemplazado por un número o una expresión que da el valor absoluto del factor común o del rango dentro del cual está fijado.

Si el factor común es variable y es necesario mostrar esto, debe conservarse la indicación "m" y debe indicarse el método para determinar su valor, sea en el interior del símbolo o en una documentación de apoyo.

De otra manera la "m" deberá omitirse.

Se recomiendan los

símbolos siguientes para la indicación del factor común:

∞ si el factor común es grande

1 si el factor común es 1

un número si el factor común debe indicarse explícitamente

***1...*2** si el factor común esta fijado en el gama *1...*2, *1...*2 debe ser remplazado por el factor mínimo y el factor máximo m...mk representan los valores de amplificación con sus signos.

Si el factor de amplificación es 1 el "1" puede ser omitido.

Si existe una sola salida que no está especificado de otra forma y si el factor de amplificación con su signo es igual a +1, el "+1" puede ser omitido

w1 ..., wn representan los valores de los factores de ponderación con sus signos. Si el valor del factor de ponderación es 1, el "1" puede ser omitido.

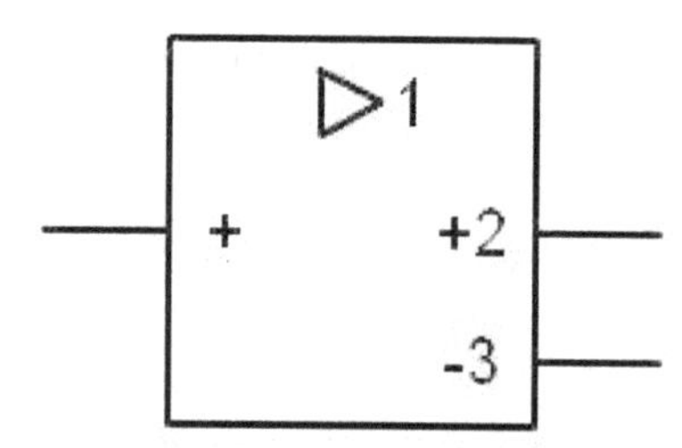

Amplificador con dos salidas, una de ellas directa con una amplificación de 2, la otra inversa con una amplificación de -3

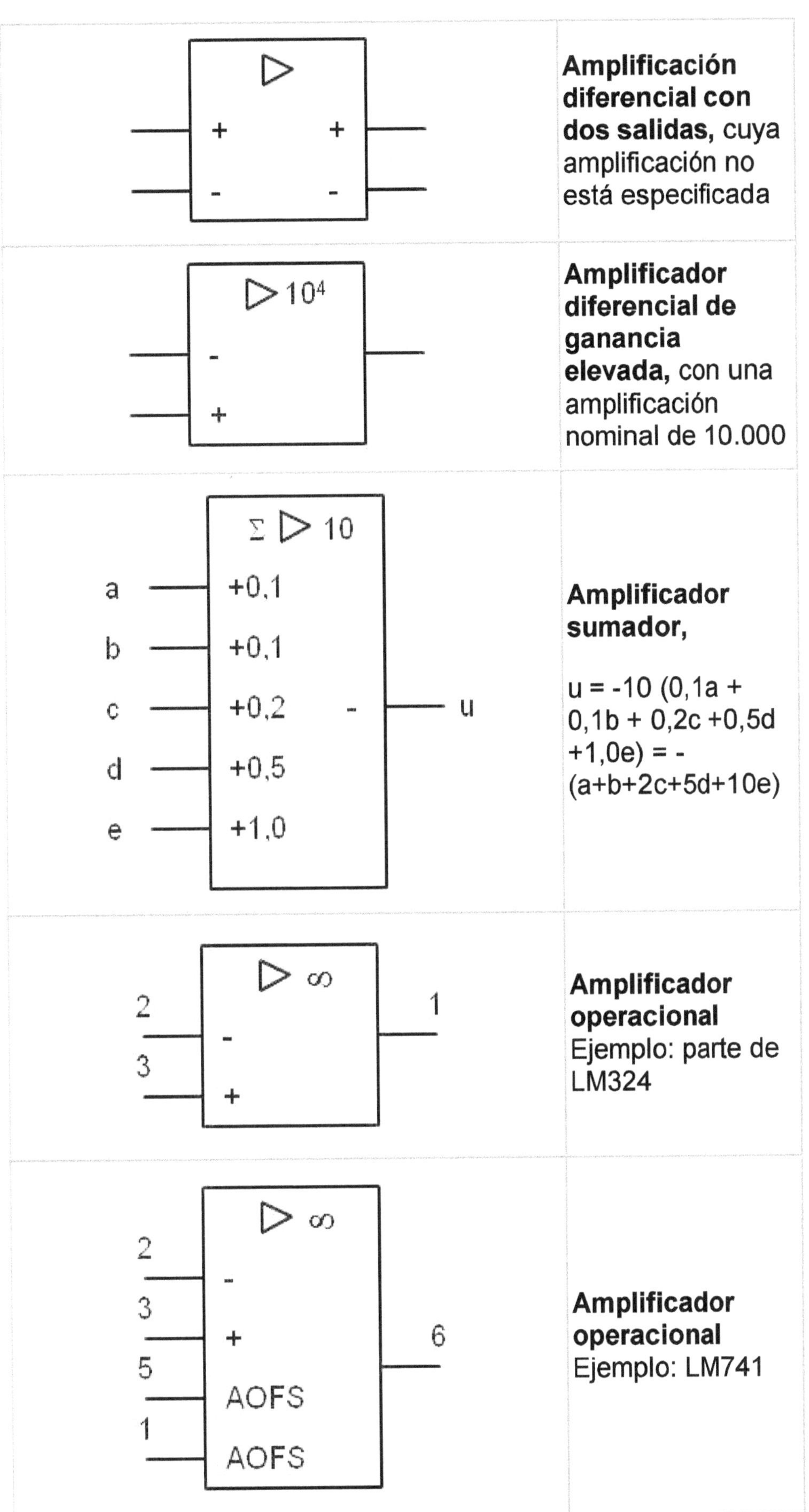

	Amplificación diferencial con dos salidas, cuya amplificación no está especificada
	Amplificador diferencial de ganancia elevada, con una amplificación nominal de 10.000
	Amplificador sumador, $u = -10\,(0{,}1a + 0{,}1b + 0{,}2c + 0{,}5d + 1{,}0e) = -(a+b+2c+5d+10e)$
	Amplificador operacional Ejemplo: parte de LM324
	Amplificador operacional Ejemplo: LM741

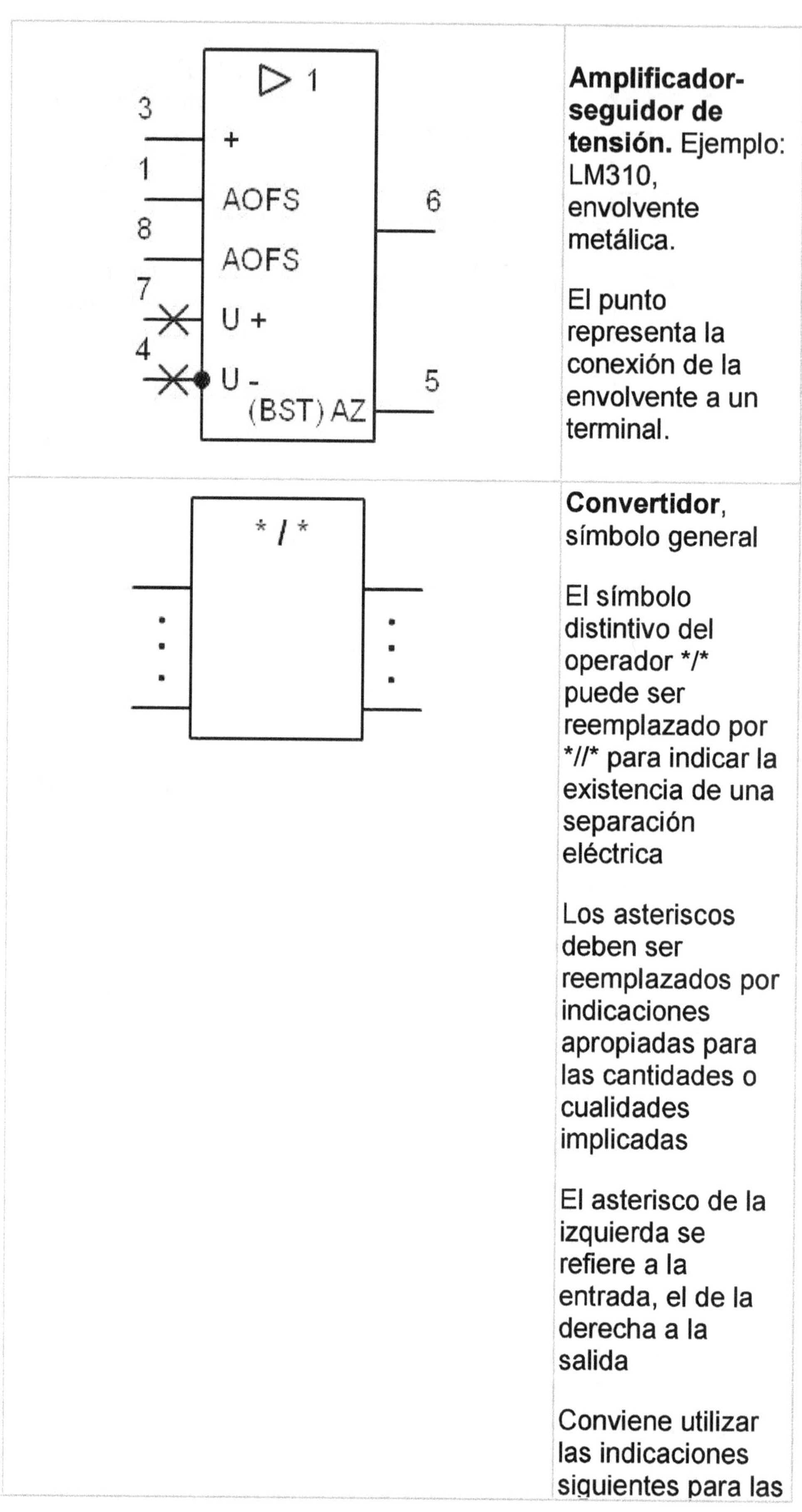

Amplificador-seguidor de tensión. Ejemplo: LM310, envolvente metálica.

El punto representa la conexión de la envolvente a un terminal.

Convertidor, símbolo general

El símbolo distintivo del operador */* puede ser reemplazado por *//* para indicar la existencia de una separación eléctrica

Los asteriscos deben ser reemplazados por indicaciones apropiadas para las cantidades o cualidades implicadas

El asterisco de la izquierda se refiere a la entrada, el de la derecha a la salida

Conviene utilizar las indicaciones siguientes para las

funciones enumeradas

digital, código no especificado
∩ analógico, función no especificada
U o **V** tensión
f frecuencia
Φ o Φ fase
I corriente
T temperatura

Notas:

1 Los símbolos generales distintivos del operador #/∩ y ∩/# pueden ser reemplazados por DAC y ADC

2 En los símbolos distintivos de los operadores #/∩ y ∩/#, # puede ser reemplazado por una indicación apropiada del código utilizado en las entradas digitales [salidas] para determinar [representar] el valor interno. En este caso, las entradas [salidas] digitales deben ser marcadas por caracteres que se refieren a este código.

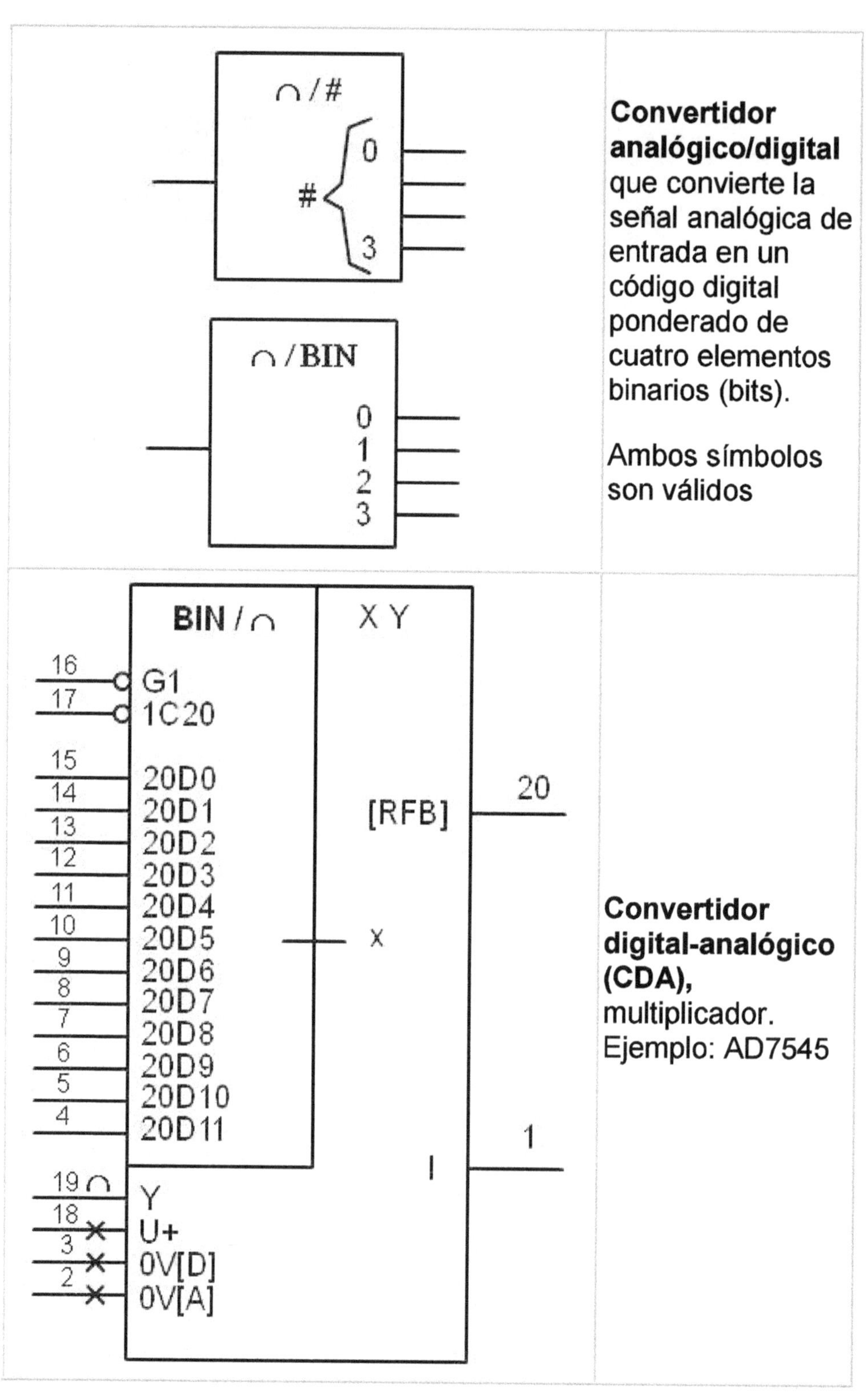

Convertidor analógico/digital que convierte la señal analógica de entrada en un código digital ponderado de cuatro elementos binarios (bits).

Ambos símbolos son válidos

Convertidor digital-analógico (CDA), multiplicador. Ejemplo: AD7545

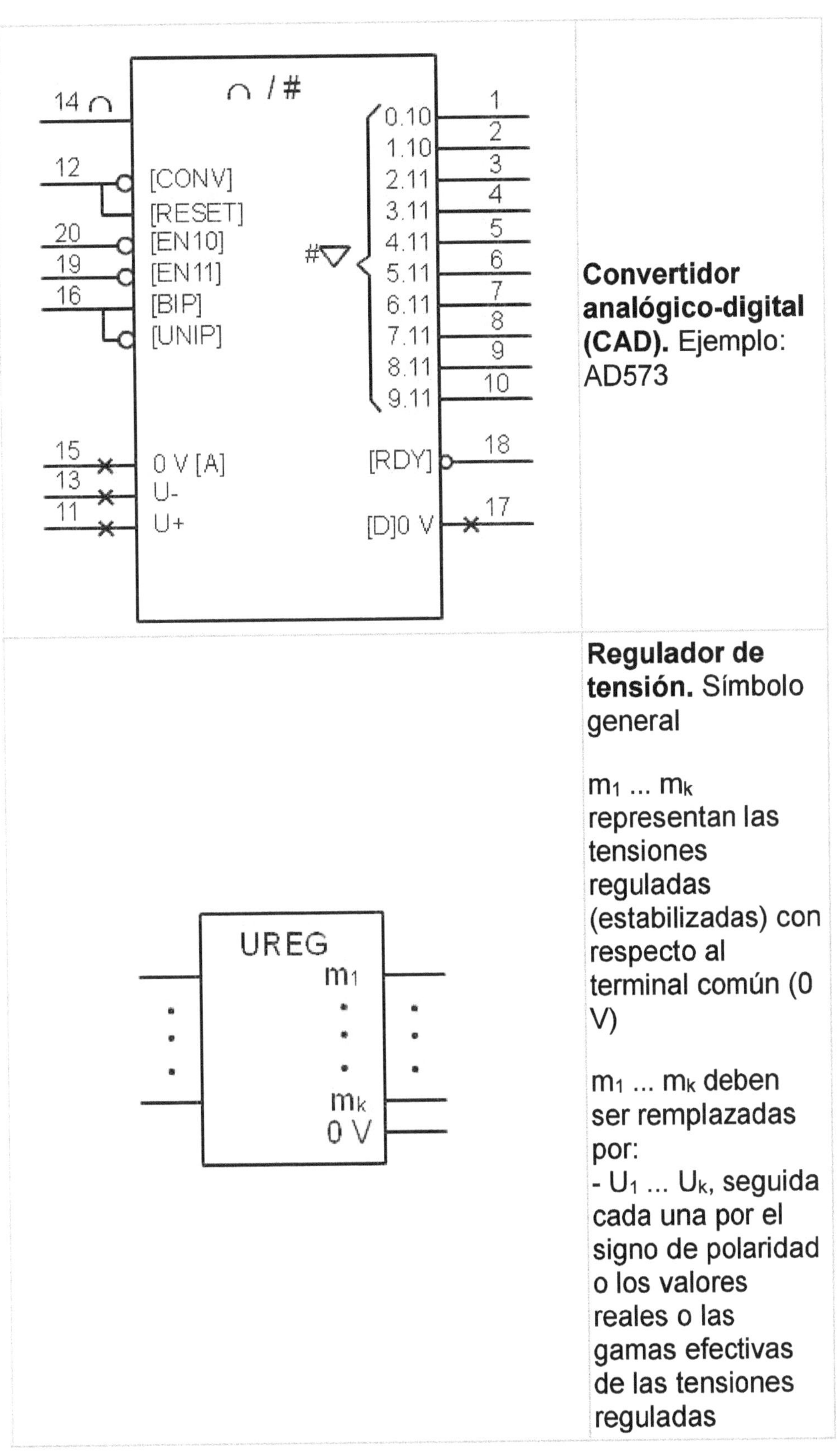

Convertidor analógico-digital (CAD). Ejemplo: AD573

Regulador de tensión. Símbolo general

$m_1 ... m_k$ representan las tensiones reguladas (estabilizadas) con respecto al terminal común (0 V)

$m_1 ... m_k$ deben ser remplazadas por:
- $U_1 ... U_k$, seguida cada una por el signo de polaridad o los valores reales o las gamas efectivas de las tensiones reguladas

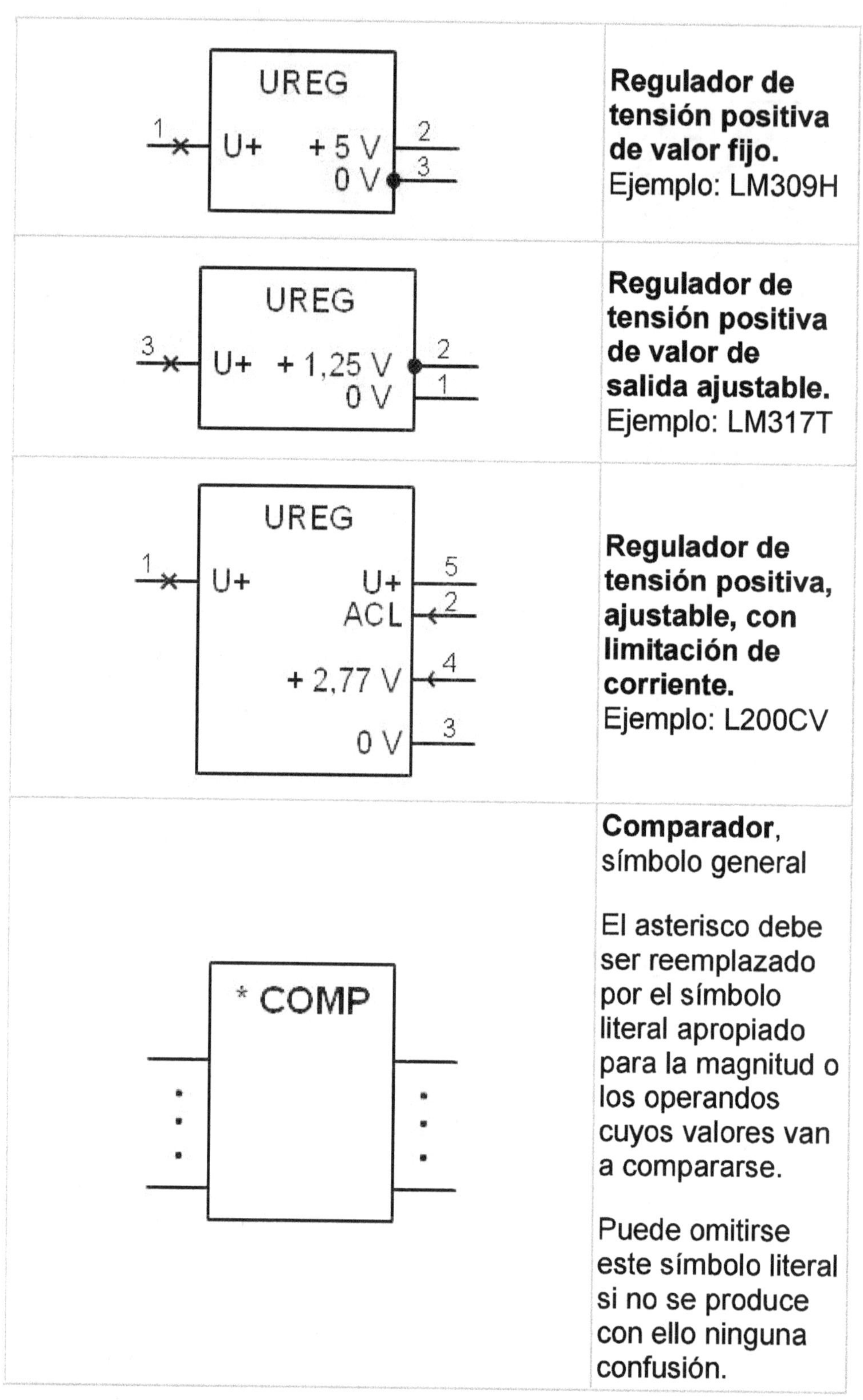

UREG — U+ → +5 V / 0 V	**Regulador de tensión positiva de valor fijo.** Ejemplo: LM309H
UREG — U+ → +1,25 V / 0 V	**Regulador de tensión positiva de valor de salida ajustable.** Ejemplo: LM317T
UREG — U+ / U+ / ACL / +2,77 V / 0 V	**Regulador de tensión positiva, ajustable, con limitación de corriente.** Ejemplo: L200CV
* COMP	**Comparador**, símbolo general El asterisco debe ser reemplazado por el símbolo literal apropiado para la magnitud o los operandos cuyos valores van a compararse. Puede omitirse este símbolo literal si no se produce con ello ninguna confusión.

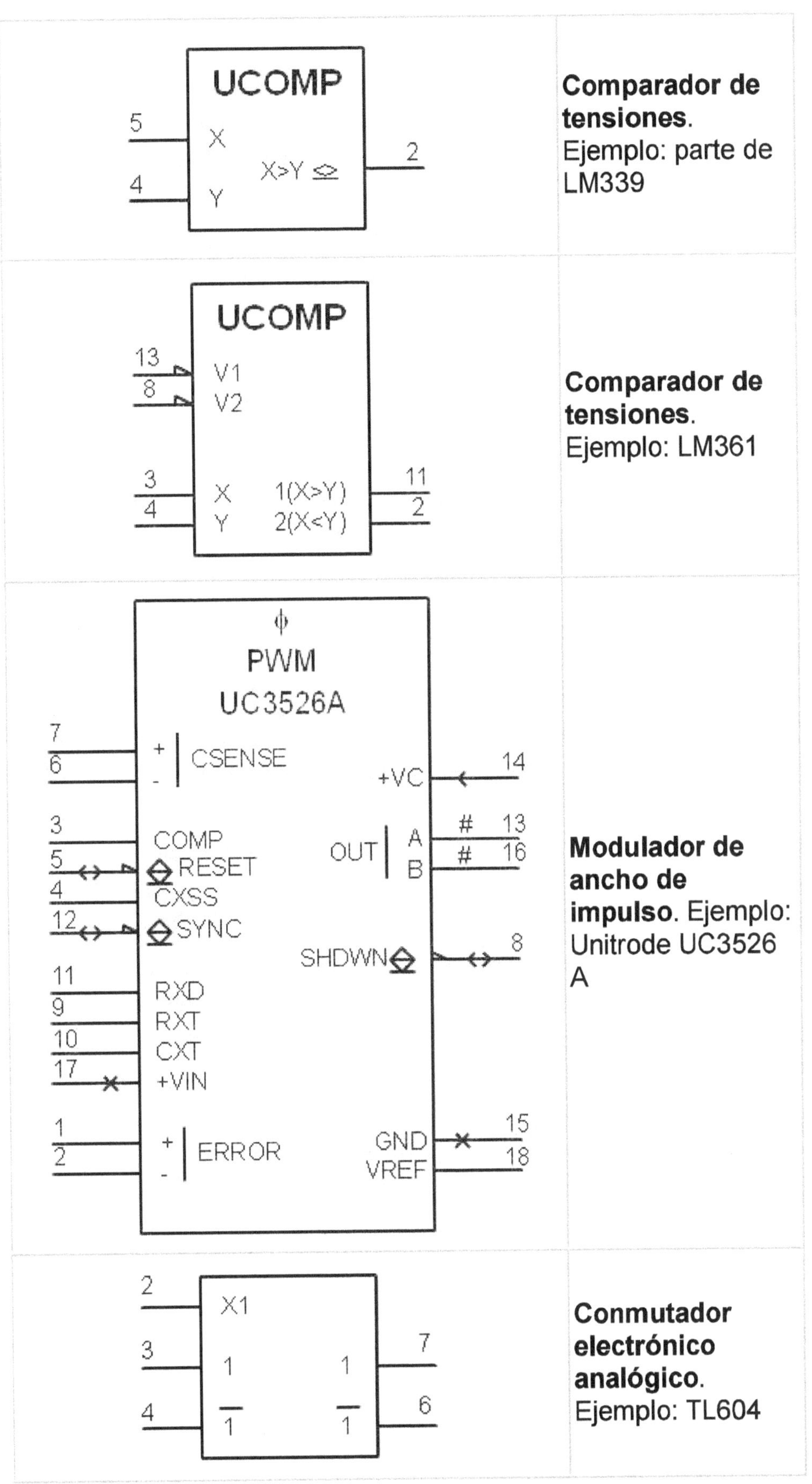

UCOMP
5 X
4 Y
X>Y
2
Comparador de tensiones. Ejemplo: parte de LM339

UCOMP
13 V1
8 V2
3 X
4 Y
1(X>Y)
2(X<Y)
11
2
Comparador de tensiones. Ejemplo: LM361

PWM
UC3526A
7 +
6 -
CSENSE
+VC
14
3 COMP
5 RESET
4 CXSS
12 SYNC
OUT A
OUT B
13
16
11 RXD
9 RXT
10 CXT
17 +VIN
SHDWN
8
1 +
2 -
ERROR
GND
VREF
15
18
Modulador de ancho de impulso. Ejemplo: Unitrode UC3526 A

2
X1
3 1
4 1
1
1
7
6
Conmutador electrónico analógico. Ejemplo: TL604

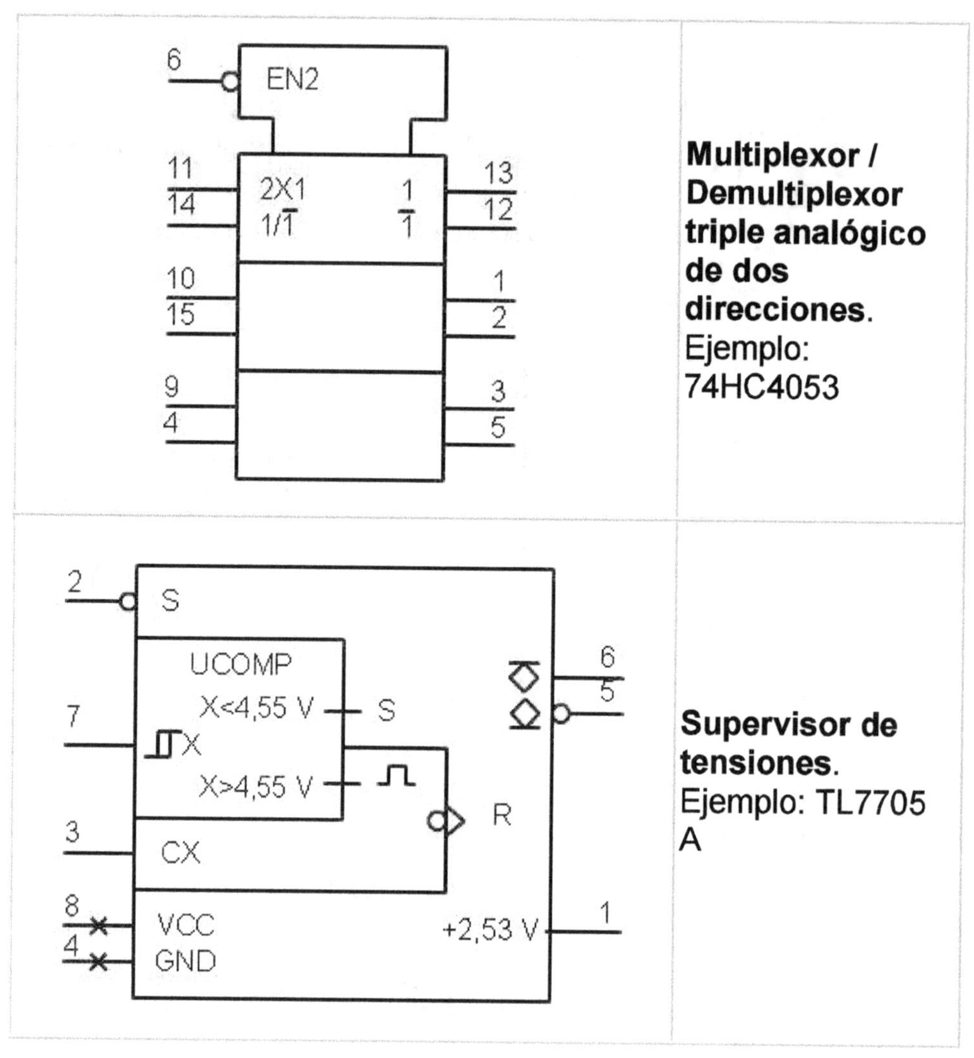

**Multiplexor /
Demultiplexor
triple analógico
de dos
direcciones**.
Ejemplo:
74HC4053

**Supervisor de
tensiones**.
Ejemplo: TL7705
A

8.- Operadores lógicos binarios

La composición de este tipo de elementos será igual a la de los operadores analógicos.

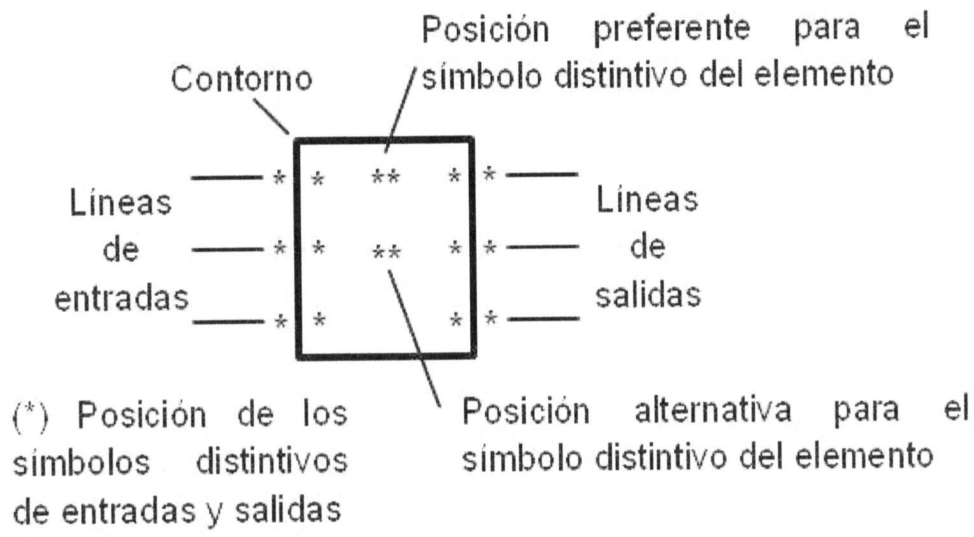

Símbolo	Descripción
	Puerta lógica SI (buffer)
	Puerta lógica NO o inversora (NOT)
	Puerta lógica con una entrada negada. (El círculo niega)
	Puerta lógica Y (AND). La salida es 1 cuando todas las entradas son 1.

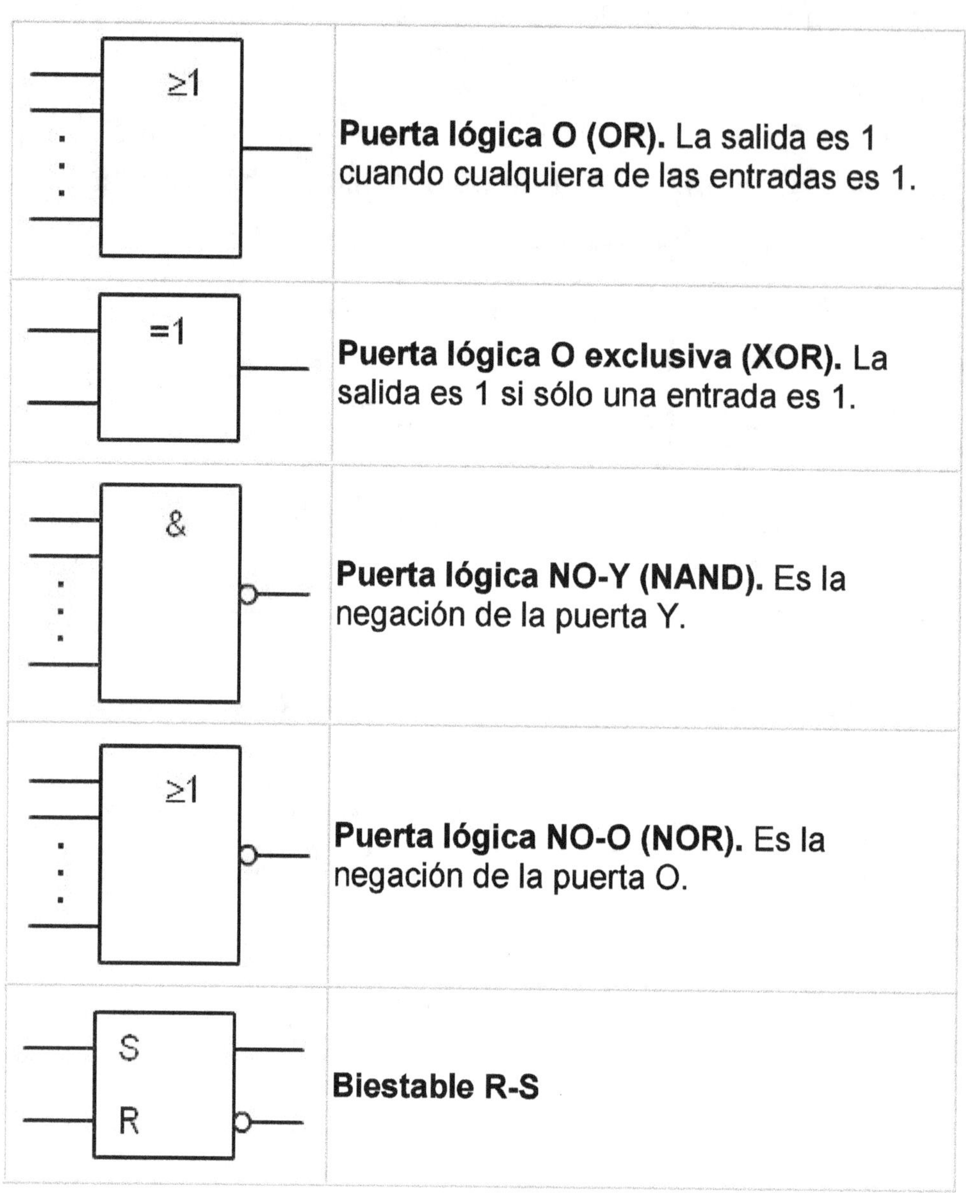

	Puerta lógica O (OR). La salida es 1 cuando cualquiera de las entradas es 1.
	Puerta lógica O exclusiva (XOR). La salida es 1 si sólo una entrada es 1.
	Puerta lógica NO-Y (NAND). Es la negación de la puerta Y.
	Puerta lógica NO-O (NOR). Es la negación de la puerta O.
	Biestable R-S

9 798863 127651